스토리텔링
수학 똑똑하게
준비하기

스토리텔링 스팀형 수학의 모든 것

스토리텔링 수학

똑똑하게 준비하기

신동엽 지음

북스토리

60년 만에 수학 교육의
대변혁이 시작된다

대학. 언제부터인가 우리 사회에서는 인생에서 반드시 거쳐야 할 통과
의례이자 학생의 자질을 판단하는 잣대가 되었습니다. 대학에 입학하
면 이 사회가 요구하는 인재에 가까운 것이고, 대학 문으로 들어가지
못하면 인생의 낙오자로 취급받곤 하지요. 물론 이러한 잣대를 거부하
고 새로운 길을 개척해 나가는 학생들도 많아졌습니다. 하지만 이들의
성공도 어찌 보면 일류 대학의 관문을 통과하는 것에 못지않은 희박한
확률에의 도전이라 할 수 있지요.

입시에 대한 압박으로 힘들어하는 우리 아이들의 상황이 안타까워 더
이상 대학에 목매달지 말고 새로운 기회를 찾으라고 해도 세상의 현실
은 여전히 대학의 문을 가리키고 있습니다. 대학을 나오지 않고서는 그
좁은 기회의 문조차 두드릴 가능성이 매우 낮다는 이유 때문입니다. 그
래서 대학 입시의 굴레에서 벗어나 창의적인 길을 찾고, 그곳에서 새로
운 희망을 찾아나가라는 조언을 쉽게 받아들이기가 힘듭니다.

물론 자신이 어떤 선택을 하더라도 꿈을 이루기 위해 최선의 노력을 다
한다면 못 이룰 일은 없을 것입니다. 그러나 대학은 자신의 꿈에 대한

고민과 그 꿈을 이루기 위해 단련할 수 있는 시간과 공간을 좀 더 제공합니다. 또한 보다 나은 학문 수준과 공부 환경을 제공하는 대학으로 진학한다면, 그 기회의 폭이 더 넓어질 수 있을 것입니다.

지금도 자신이 원하는 대학 또는 학과에 들어가기 위해 밤잠을 줄이며 고생하는 학생들이 많습니다. '4당 5락'의 법칙이 '3당 4락'으로 바뀌고, 엉덩이가 의자에 붙어 있는 시간만큼이나 합격의 가능성도 높아진다는 이야기에 매일 고개를 책상에 파묻고 지내지요. 과거에는 사전을 한 장 한 장 외운 뒤에 찢어서 삼켜 먹는 우직함으로 공부를 했습니다. 수험생이라면 '열심히' 공부하면서 "오로지 땀만이 배신을 하지 않는다"는 진리를 좌우명 삼아 노력을 거듭해야 한다는 것이었지요.

그런데 공부는 열심히 하는 것도 중요하지만 더불어 '잘' 해야 하는 것이기도 합니다. 사전을 통째로 외워서 찢어 먹는 시절은 이제 지나갔습니다. 암기만 하는 지식으로는 요즘 대학 입시 문제를 제대로 풀 수도 없습니다. 이런 변화는 앞으로 수학에서 더욱 두드러지게 나타날 것입니다.

2012년 교육과학기술부가 발표한 수학 교육 선진화 방안을 보면, 국가 경쟁력을 키우고 개인의 능력을 향상시키기 위해 도입하는 스토리텔링 스팀형 수학은 암기식의 학습과 거리가 멉니다. 말 그대로 융합형 인재를 키워내기 위해 대한민국은 60년 만에 수학의 대변혁을 준비하고 있습니다.

이 책에서 함께 이야기할 '스토리텔링 스팀형 수학'은 창의적인 인재 육성이라는 취지에 맞춰 수학 학습의 많은 변화를 예고하고 있습니다. 가장 혁신적인 변화는 평가에 있습니다. 교육과학기술부는 스팀형 융합 인재 교육의 목적은 미래 인재 육성에 있다고 이야기하며, 미래 인재가 갖추어야 할 핵심역량을 창의력 개방형, 문제해결력, 의사소통 능력이라고 정의하고 있습니다. 미래 인재의 핵심역량인 이 세 가지 요소가 교과서에 추가됨은 물론 평가혁신으로 이어지기에 지금까지의 수학 문제와는 확연히 다른 수학 문제를 경험하게 될 것입니다.

우리 어머니들은 아이의 장래를 위해서라면 목숨마저 내놓을 각오를 합니다. 그러나 그 각오가 자칫 지나친 간섭과 통제로 버무려진 집착이 되어서는 곤란합니다. 스토리텔링 스팀형 수학은 비단 학습 방식의 변화만을 뜻하지 않습니다. 기존의 엄마가 아이의 공부에 간섭하던 모습도 바꾸라고 요구합니다. 감시자와 통제자로서의 엄마가 아니라 매니저, 컨설턴트, 멘토로서의 엄마가 되라고 주문합니다. 즉 아이가 스스로 공부하고 창의력을 발휘할 수 있는 환경부터 만들어주는 배려 깊은 엄마를 기대하는 것입니다.

저는 이 책에 스토리텔링 스팀형 수학의 모든 것을 담았습니다. 그에 관해 부모님들과 함께 고민하고, 이야기해보려고 합니다.

신동엽

content

Part 01

수학의 벽을 넘어야
미래가 보인다

어쩌면 좋아!

 무슨 일이래? 다운이 엄마, 집에 무슨 일이 생겼어?

다운이 엄마가 좀 전에 학원 차에서 내린 다운이를 보고 잔뜩 이맛살을 구긴 채 잔소리를 하자, 같은 반 희망이 엄마가 걱정스런 얼굴로 다가왔다.

 세상에, 학원에서 전화가 왔는데, 수업 시간에 집중은 안 하고 자꾸만 딴 짓을 한다네요. 수학 성적이 하도 안 나와서 학원에 보내놓았더니 거기서도 집중을 안 한다고 말이에요. 에그, 이 녀석! 얼른 집에 가!

풀이 죽은 다운이는 인사를 하는 둥 마는 둥 하고 아파트 현관으로 뛰어 들어갔다. 다운이의 뒷모습을 보던 희망이 엄마는 조심스레 한마디했다.

 뭐 애들이 다 그렇지. 이제 초등학교 3학년인데, 공부 가지고 너무 그러지 마요. 그래도 다운이가 성격은 좋잖아.

공부 못하는 애들이 성격 좋다는 이야기를 듣는다잖아요. 아휴, 성격 안 좋다는 말을 들어도 괜찮으니 제발 공부 좀 잘했으면 좋겠어요…….

희망이 엄마는 괜스레 무안해졌다. 다운이 엄마의 불편한 심기를 달랜다는 게 그만 화를 더 돋운 꼴이 된 셈이었다. 다운이 엄마는 짜증을 억누르지 못하고 한마디 더 보탰다.

 하필이면 수학 시간에 저러니 더 문제라고요. 어쩌려고 저러는지 원…….

 수학이 중요하긴 하지. 그래도 아직 어리니…….

 에이, 언니도 참 사람 좋은 말씀만 하시네. 어리긴 뭐가 어려요. 요즘 수학을 못하면 좋은 대학도 못 가는 거 모르세요?

 수학만 잘한다고 좋은 대학 가나? 다른 과목도 잘해야지. 다운이는 글짓기도 곧잘 해서 칭찬 많이 받잖아. 그러니 너무 수학만 가지고 애를…….

 다운이가 다른 재능이 있어서 대학을 안 가고 그걸 하겠다면 저도 말릴 생각은 없어요. 그런데 아무리 봐도 특별히 눈에 띄는 재능이 있는 건 아니거든요. 그리고 글짓기를 잘한다고 해도 작가가 되려면 자기가 그쪽으로 더 공부를 할수 있는 좋은 대학에 가는 게 더 낫지 않겠어요?

희망이 엄마의 말에 다운이 엄마는 뭘 몰라도 한참 모른다는 듯이 바라보더니 서둘러 인사를 하고는 집으로 향했다. 희망이 엄마는 다운이 엄마의 뒷모습을 보며 마음이 답답해졌다.
그러고는 곧 미술학원을 끝내고 희망이와 만나기로 한 패스트푸드점으로 발길을 돌렸다. 그런데 패스트푸드점의 한 구석에서 책을 읽고 있는 한 남자가 눈에 들어왔다. 낯익은 얼굴이었다.

혹시…… 신동엽 선생님 아니세요?

네, 맞습니다. 제 강의에 오신 적이 있으신가요?

희망이 엄마는 수학 교육 전문가로 유명한 신동엽 대표를 강연회를 통해 만난 적이 있었다. 신동엽 대표는 아이들의 수학 교육에 있어 무엇보다 부모의 역할을 중요하게 여기는 교육자였다. 그래서 엄마들 사이에서 그의 강의는 잘 알려져 있었다.

선생님의 강의를 몇 번 들었습니다.

아, 그러시군요. 반갑습니다.

신동엽 대표가 자신을 반갑게 맞아주자 희망이 엄마는 조금 망설이다가 용기를 냈다.

선생님, 지금 많이 바쁘세요? 바쁘시지 않으면 잠시 여쭙고 싶은 것들이 있어서…….

네, 그러세요. 마침 작성 중이던 원고를 마무리하던 중이라 괜찮습니다.

희망이 엄마는 좀 전에 있었던 다운이 엄마와의 대화를 이야기하며 수학 교육을 어떻게 대응해야 할지 물었다.

 물론 그때 선생님의 강의에서 많은 말씀을 들었습니다만, 다시 한 번 여쭤보는 거예요. 이제 초등학교 3학년인데 벌써부터 애한테 스트레스를 주고 싶지는 않거든요.

 사실 아이들 교육과 관련해서는 강연을 한두 번 들었다고 해서 모든 게 해결되진 않죠. 그리고 공부라는 게 수학이 아니더라도 부모가 닦달한다고 해서 좋아지지는 않습니다. 오히려 역효과를 낳을 수도 있죠. 그래도 전 다운이 어머님의 심정은 이해가 됩니다. 요즘 주요 대학별 수능 반영 비율을 보면 수리 영역의 반영 비율이 매우 높습니다. 수학 점수가 좋지 못하면 다른 과목을 아무리 잘해도 경쟁에서 이길 수 없다는 거죠.

신동엽 대표는 칼럼을 쓰기 위해 가지고 온 신문 스크랩 자료를 보여주었다. 정말 명문대 입시에서 수학이 의외로 결정적인 변수로 작용한다는 것을 한눈에 볼 수 있었다. 명문대에서 합격과 불합격을 가르는 차이는 종이 한 장 차이였다. 그런데 그 차이를 가르는 것이 수학이라는 것이다. 그제야 희망이 엄마는 다운이 엄마의 안달이 난 심정을 이해할 듯했다.

 제가 볼 때 대학에 입학하기 위해서, 또 많은 학생들이 원하는 명문대에 입학하기 위해서는 수학은 꼭 통과해야 하는 관문입니다. 수학의 관문, 수학의 벽을 넘어야 아이의 미래에 희망이 보입니다.

대학 입시,
수학이 결정한다

언어와 수리, 외국어, 사회/과학/직업탐구, 제2외국어, 한문 등 수능을 치러야 하는 과목 중에서 그 어느 것 하나 만만한 게 없다. 짧게는 고등학교 3년, 길게는 초등학교 때부터 학습능력을 키워야 이 모든 관문을 기대했던 만큼 통과할 수 있다. 그럼 이 과목 모두에 균등하게 학습시간을 나눠서 주위를 돌아보지 않고 오로지 공부만 한다고 해서 될까?

수능을 준비하는 학생이라면 나름대로 학습계획을 세워 시간을 배분하고, 학습목표에 따라 진도를 점검하는 등 만반의 준비를 하고 있을 것이다. 그러나 걸림돌은 여전히 있다. 바로 수학이다.

수학은 많은 학생들이 골머리를 앓는 과목이다. 공식도 알아야 하고, 각각의 개념과 그 개념의 연관된 개념까지도 알아야 하는 등 다른 과목을 공부하는 것보다 힘을 많이 들여야 하는 것은 사실이다. 또 공식과 개념을 확실히 외웠다고 해서 문제를 제대로 풀 수 있는 것도 아니다.

수학은 과목의 난이도뿐만 아니라 꾸준한 노력도 요구한다. 그런데 그 노력만큼의 결과를 얻는다는 보장도 없다. 많은 노력과 시간을 투자했음에도 원하는 만큼의 결과가 나오지 않기 때문에 '헛심'만 쓰는 꼴이라고 말하는 학생들이 더 많다.

최근 일부 교사나 입시 전문 강사들 중에 '효율적 입시전략'이랍시고 수학처럼 골치 아픈 과목은 대충 하고 일찌감치 암기 과목에 집중하라고 가르치는 이들을 보았다. 그래서인지 많은 학생들이 대학입시에서 수학을 '전략적'으로 포기하는 경우도 있는 것 같다. 수학 공부에 쏟아 부을 시간에 차라리 다른 과목에 집중하는 게 낫다는 것이다.

그렇게 해서라도 점수를 맞춰 대학에 가겠다는 것인데, 문제는 이제 수학을 포기하고서는 좋은 대학을 갈 수 없다는 사실이다. 단지 대학 간판이나 따겠다는 생각이라면, 출신 학교의 대학 입학률을 높여보자는 생각이라면 막지는 않겠다. 하지만 이 선택의 피해는 고스란히 학생 본인이 질 수밖에 없다.

> 수학은 좋은 대학을 가기 위한 마지막 관문이다. 수학 점수에서의 차이가 그 결과를 좌우한다

과연 수학을 포기한 대가로 자신이 원하는 대학에 갈 수 있을까? 또는 학과에 지원할 수 있을까? 결국 본인의 선택이겠지만, 냉정한 현실은 수학을 멀리할수록 자신의 꿈이 기다리고 있는 대학과도 점점 멀어진다는 것을 보여준다.

수학은 좋은 대학을 가기 위한 마지막 관문이다. 수학 점수에서의 차이가 그동안 준비한 노력의 결과를 좌우한다. 수학에서 고득점을 받

는 학생들이 대체로 좋은 대학에 들어가기 때문이다. 단순히 대학이라는 타이틀을 획득하는 것이 아니라 좋은 대학, 내가 원하는 학과에 들어가려면 수학은 반드시 넘어야 할 산이다.

명문대의 갈림길, 수학에서 판가름이 난다!

남녀별 학습능력과 관련해서 오래전부터 회자되는 이야기가 바로 '여학생의 학습능력이 뛰어나다'는 것이다. 이 말이 틀리지는 않았다. 실제로 중학교 때까지는 여학생들이 강세를 보인다고 한다. 그런데 대학 입시인 수능의 자료를 분석해보면, 남녀 학생의 최상위권 비율이 중학교 때까지의 비율과 사뭇 다르게 나타난다.

《동아일보》의 2009년 10월 20일자 기사를 보면, 2005년부터 2009년까지 수능 성적에서 최상위권 학생들의 남녀 비율이 평균 62대 38이라고 한다. 남학생이 여학생보다 더 높은 성적을 받는 것이다.

최근 5년간 수능 최상위권 수험생 중 남학생 비율 (단위 : 명)

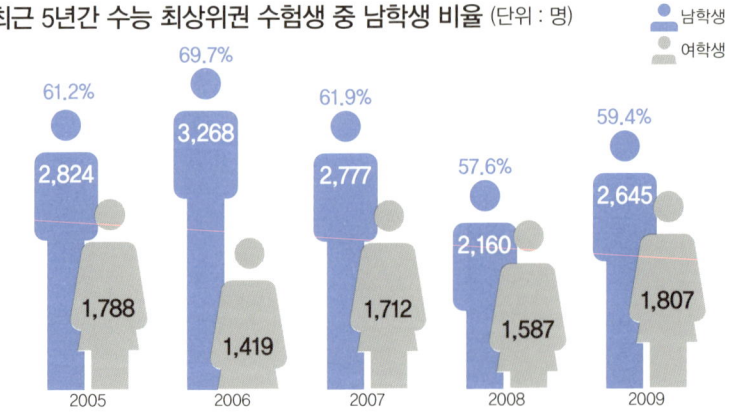

그 이유가 뭘까? 남학생과 여학생의 차이를 가르는 결정적인 잣대는 바로 수리영역의 점수였다. 해당 기간 동안 수리영역 응시자 중에서 남학생은 4.7퍼센트가 1등급이었고, 여학생은 2.9퍼센트에 불과했다고 한다. 수리영역 1등급을 받은 전체 수험생 중에서 남학생은 무려 64.4퍼센트였다. 반면에 수리영역이 아닌 언어나 외국어영역에서 1등급을 받은 남학생 비율은 50퍼센트였다고 하니 결국 수학에서 남학생과 여학생의 차이가 많이 나는 것이다.

이 조사 결과를 가지고 서울대를 비롯한 명문대의 남학생과 여학생 합격 비율을 보면, 남학생 비율이 높게 나온다. 지난 2009년도 신입생의 성비를 조사한 결과에 따르면, 서울대와 고려대는 남녀 비율이 59퍼센트와 41퍼센트, 연세대는 60퍼센트와 40퍼센트로 나타났다.

수시모집도 이 비율과 크게 다르지 않다. 2012년도 서울대 수시모집의 남녀 성비는 56.8퍼센트와 43.2퍼센트였고, 연세대는 54.6퍼센트와 45.4퍼센트였다.

2009년도 신입생 성비

구분	서울대 (총원: 3,387명)		고려대 (총원: 4,131명)		연세대 (총원: 4,081명)	
	인원	비율	인원	비율	인원	비율
남	1,983명	59%	2,446명	59%	2,408명	60%
여	1,404명	41%	1,685명	41%	1,623명	40%

2012년도 수시모집 남녀 성비

구분	남	여
서울대	56.8%	43.2%
연세대	54.6%	45.4%

남학생과 여학생의 합격률 차이는 성염색체의 결과론 따위의 허무맹랑한 주장보다 앞서 말한 것처럼 결국 수학에서 얼마나 좋은 점수를 받느냐에 따라 나타난 것이다. 물론 수리적 사고능력의 발달이 남녀 간에 어떤 차이가 있는지는 몰라도 겉으로 드러난 통계로는 분명 수학이야말로 당락의 결정적 기준이라는 것을 새삼 보여주고 있다.

대학에서도 수능에서 수리영역이 차지하는 비중을 높게 평가하고 있다. 자연계열만 수리영역의 비중을 높게 잡는 게 아니라, 인문계열에서도 수리영역의 반영 비율을 다른 영역에 비해 높거나 혹은 동일하게 설정한다.

대학에서도 수능에서 수리영역이 차지하는 비중을 높게 평가하고 있다

2010년 주요 대학 수능 영역별 반영 비율

구분	모집계열	수능 영역별 반영 비율(%)			
		언어	수리	외국어	탐구
서울대	인문	25.0	31.25	25.0	18.75
	자연	25.0	31.25	25.0	18.75
연세대	인문	28.6	28.6	28.6	14.3
	자연	20.0	30.0	20.0	30.0
고려대	인문	28.6	28.6	28.6	14.3
	자연	28.6	28.6	28.6	14.3
성균관대	인문	20.0	30.0	30.0	20.0
	자연	20.0	30.0	20.0	30.0

2010년 주요 대학별 정시 수능 반영 비율을 보면, 서울대는 인문계열과 자연계열 모두가 수리영역의 반영 비율을 31.25퍼센트로 책정했다. 언어와 외국어영역은 각각 25퍼센트, 탐구영역은 18.75퍼센트이

다. 연세대는 인문계열에서 수리영역을 언어와 외국어영역과 함께 모두 28.6퍼센트로 책정했고, 탐구영역을 14.3퍼센트로 반영했다. 자연계열에서는 수리영역이 탐구영역과 함께 30퍼센트씩 책정했고, 언어와 외국어영역이 각 20퍼센트이다. 고려대는 인문계열과 자연계열이 동일하게 수리·언어·외국어영역을 28.6퍼센트로 잡았고, 탐구영역은 14.3퍼센트이다. 성균관대는 인문계열에서 수리와 외국어영역이 각각 30퍼센트이고, 언어와 탐구영역이 각 20퍼센트이다. 자연계열은 수리와 탐구영역이 각각 30퍼센트이고, 언어와 외국어영역이 각 20퍼센트이다. 주요 대학의 수능 영역별 반영 비율을 보더라도 인문계열과 자연계열이 모두 수리영역의 비중을 높게 책정하고 있다.

서울권의 주요 대학에서 수능은 정답 문항에 부여된 배점을 단순히 더해서 내는 점수인 '원점수'보다 개인의 원점수가 평균으로부터 떨어진 거리를 표준편차의 단위로 해서 매기는 점수인 '표준점수'가 반영되는 것을 보면, 수학의 중요성은 더욱 부각된다. 원점수보다 표준점수로 환산했을 때 점수가 높게 나와야 하는데, 그 편차가 가장 많이 나오는 영역이 바로 수리영역인 것이다. 다른 영역에서 만점을 받았고, 수리에서도 만점을 받았다고 해도 표준점수로 환산하면 똑같은 점수가 나오지 않는다.

원점수와 표준점수의 편차가 가장 많이 나오는 영역이 바로 수리영역이다

실제로 2010년 수능 표준점수를 보면, 원점수 100점을 기준으로 언어는 140점, 외국어는 136점, 수리 가는 154점, 수리 나는 158점이다. 이를 영역별로 1~2등급의 표준점수로 비교해도 언어와 외국어는 각각 131점, 수리 가는 135점, 수리 나는 138점이다. 이 수치를 보더라도

수리 영역의 표준점수가 높다는 것을 알 수 있다.

수학이 비교적 쉽게 출제되었던 2012년 수능 표준점수에도 수리영역의 표준점수는 다른 영역보다 높게 나왔다. 원점수 100점 기준으로 언어는 137점, 외국어는 130점, 수리 가는 139점, 수리 나는 138점이다. 영역별 1등급 표준점수로 봤을 때는 언어가 131점, 외국어 128점, 수리 가는 130점, 수리 나는 135점으로 수리영역이 상대적으로 높게 나온다. 문제가 다소 쉽게 나왔다고 해도 수리영역의 변별력은 여전히 높은 것이다.

수능만을 놓고 볼 때는, 아무리 티끌 모아 태산이라는 생각으로 다른 영역에서 높은 점수를 받더라도 태산을 만들 수 없는 상황이다. 즉 수학 학습능력이 떨어지면 가장 높은 반영 비율이 적용되는 수리영역에서 점수가 낮게 나와 불리할 수밖에 없는 구조인 것이다.

작은 것에 집착하면 큰 것을 보지 못한다는 말이 있다. 수학이 어렵고 공부하기가 힘들다고 해서 상대적으로 쉬워 보이는 영역에만 집착하여 비중이 다소 적은 영역에 집중한다는 것은 소위 말하는 명문대 진학을 포기한다는 전제를 갖는 것이다. 심지어 수학을 포기한 대가로 대학 입시에 실패할 수도 있다. 수학을 포기하는 대가로 치러야 하는 기회비용 치곤 너무나 가혹하지 않은가.

> 수학을 포기한 대가로 대학 입시에 실패할 수도 있다

수학의 중요성은 한때 영어가 뭐든지 결정한다는 바람이 불어 잠시 비중이 낮아졌지만, 정작 대학에서는 수학의 중요성을 계속 강조하고 있었고, 또 입시 당락에서 수학은 여전히 위력을 발휘하고 있었다. 특

히 변별력이 높아진 수리 가형에서 점수를 높게 받는
학생이 명문대학에 진학할 가능성이 높아졌기 때문에
초등학교 때부터 수학은 반드시 공략해야 하는 과목으로
주목받고 있다.

　수학은 전략적으로 포기해야 할 과목이 아니라 보다 적극적으로 준
비하고 노력해야 하는 과목이다. 따라서 공략법을 만들어 대학 입시의
결정적 고비를 넘고, 남들보다 유리한 고지에 서야 할 것이다.

수학은 전략적으로
포기해야 할 과목이 아니라
적극적으로
준비해야 하는 과목이다

내 아이의 미래, 수학이 꿈을 키운다

요즘 들어 아이들이 롤 모델로 삼으려는 인물들의 공통점은 뭘까? 세계 최고의 부자나 뛰어난 기업인, 학자, 연구자 등 소위 성공한 인물들의 자질에는 뭔가 공통점이 있다. 그 공통점은 다름 아닌 '창의성'이다.

부모들에게 창의성의 중요성은 새삼스러운 이야기가 아니다. 지금도 부모들은 창의성이라는 키워드가 들어간 책이나 학습 프로그램을 찾아 아이들에게 제공한다. 지금의 세태가 과거처럼 틀에 박힌 모범생이 성공하는 사회가 아니라, 창의적인 인재가 살아남는 시대라는 것을 잘 알고 있기 때문이다.

창의성을 갖춘 인재를 구하는 것은 기업이나 사회에서는 사활을 건 전쟁과도 같다. 예컨대, 최근 들어 가장 창의적인 기업이자 대학생들이 꿈꾸는 직장의 대명사인 구글과 페이스북의 인재 전쟁은 치열하다

못해 사운을 건 게 아닌가 할 정도로 극심하다.

구글(google)은 1998년에 만들어진 검색업체이다. 지금은 전 세계의 검색 시장에서 70퍼센트를 차지할 만큼 성장했다. 그런데 구글이라는 이름이 만들어진 것도 매우 재미있다. 구글의 이름에서 수학을 연상할 사람이 얼마나 있을까? 구글의 창업자들은 원래 업체 이름을 '매우 큰 유한수'를 뜻하는 '구골(googol)'을 쓰려고 했다. 그러나 이미 이 단어와 관련한 도메인을 누군가 선점하고 있었기 때문에 부득이 구글로 했다는 것이다. 구글은 '구골'이 뜻하는 것처럼 전 세계에서 가장 큰 검색엔진을 만들겠다는 야심으로 출발했고, 컴퓨터공학과 출신과 수학과 출신인 레리 페이지(Larry Page)와 세르게이 브린(Sergey Brin)은 그들의 야무진 꿈을 실현시켰다.

페이스북(Facebook)은 수학과 천문학 그리고 물리학에 흥미를 가지고 있던 하버드대의 컴퓨터과학 및 심리학을 공부하던 마크 저커버그(Mark Zuckerberg)가 설립했다. 트위터와 함께 전 세계 SNS의 대명사인 페이스북은 꿈과 창의성을 갖춘 젊은이라면 누구나 꿈꾸는 모델이 되었다.

이 두 업체는 구글의 핵심 인력 중에서 많은 숫자가 페이스북으로 옮기면서 본격적인 인재전쟁으로 치닫고 있다. 서로의 사업영역 중에서 겹치는 부분에서 살벌한 경쟁을 피할 수 없기 때문에 더 이상의 인재유출을 막고 오히려 상대방의 핵심 인력을 영입하기 위해 온갖 당근과 채찍 전략을 구사하고 있다. 스톡옵션의 막대한 이익 보장이나 연봉 인상과 보너스 지급 등 경제적인 보상뿐만 아니라 자율성과 창의성을 보장하여 개인의 능력을 마음껏 키울 수 있는 환경을 만들고 있다.

구글과 페이스북은 서로 경쟁을 하고 있더라도 창업자부터 직원들의 성향까지 매우 유사한 경향을 보이고 있다. 그들은 모두 창의성을 갖춘 인재들이다. 특히 레리 페이지, 세르게이 브린, 마크 저커버그 등은 수학을 전공했거나 수학과 깊은 관련이 있는 컴퓨터공학을 전공했다. 그리고 창의성을 갖춰 세계적인 기업을 만들었다.

우리나라의 사정도 다르지 않다. 비록 현실은 여전히 스펙만을 따진다고 해도 기업들의 창의적인 인재 영입은 삼성과 같은 대기업에서는 글로벌을 대상으로 이루어지고 있다.

수학과 창의성은 수레의 양 바퀴이다!

지능지수만을 가지고 영재냐, 아니냐를 판단하던 때가 있었다. 아마도 지금의 부모세대는 지능지수, 즉 IQ가 얼마인지를 두고 능력을 평가하던 시절을 겪었을 것이다. 그러나 지금은 IQ보다 '다중지능'을 더 중요하게 생각하고 있다. 다중지능은 하워드 가드너(Howard Gardner)라는 미국의 교수가 '다중지능이론'을 발표하면서 세상에 알려졌다. 대인관계, 개인이해, 공간, 신체운동, 음악, 언어, 논리수학, 자연탐구 등 8가지의 다중지능 중에서 개인마다 뛰어난 지능이 있다는 것이다.

예전에는 IQ 지수로 개인을 판단했다. 머리가 똑똑하다는 평가도 교과서의 내용을 녹음테이프처럼 암기를 잘하거나, 시험 문제를 풀더라도 교과서의 내용을 충실히 옮겨 적는 능력이 뛰어난 학생에게나 해당됐다. 그렇기 때문에 창의성은 그다지 중요하지 않았다. 그래서 개인에게 IQ를 제외한 다른 지능, 혹은 재능이 있는지는 별 관심이 없었을 뿐만 아니라, 오히려 다른 재능을 억압하기까지 했다. 예를 들어 신체운동 지능이나 음악 지능 등 학교 공부와 당장 관련이 없는 지능은 '쓸데없는 객기'에 불과했다. 피아노를 좋아하고 그림을 그리는 것에 행복을 느꼈던 수많은 학생들이 눈물을 흘리며 그저 공부에만 매달려야 했던 것이다.

그러나 이제는 녹음기와 다를 바가 없는 암기에 뛰어난 아이는 오히려 융통성이 없고 꽉 막힌 인물의 표본으로 전락하고 있다. 비록 학교 성적은 뛰어나지 못하더라도 창의성을 번뜩이며 어느 한 분야에서 탁월한 재능을 발휘하는 아이를 '영재'라고 한다. 공부를 잘해서 '사' 자가 들어가는 직업을 목표로 하는 수재보다 미술을 잘해서, 혹은 음악을 잘해서 영재 소리를 듣는 경우를 이제는 심심찮게 볼 수 있다. 간혹 어느 한 분야에 특출한 재능을 보인 나머지 바보라는 소리를 듣는다고 해도 단지 IQ가 낮다고 해서 진짜 바보 취급을 하면 오히려 손가락질을 당하기 십상이다. 미술 영재라고 인정받는 아이들의 평균 IQ 지수가 107에 불과하다는 연구 결과도 있다. 단지 지능지수가 낮다고 해서 그 아이의 재능을 억압하기보다 아이의 재능을 존중하며 더 나은 미래를 준비할 수 있도록 도와주는 게 맞다.

부모는 내 아이가 어떤 재능을 가지고 있는지 발견하는 것이 더 중요하다

따라서 부모들은 공부시키려고 무조건 닦달하기보다 우리 아이가 어떤 재능을 가지고 있는지 면밀히 살펴보고 발견하는 것이 더 중요하

다. 공부에 재능이 없는 아이에게 자꾸만 공부를 강요한다면, 오히려 역효과가 날 수밖에 없다. 부모가 강요할수록 공부에 대한 거부감뿐만 아니라 부모 자식 간에도 심각한 소통의 문제가 생기게 된다. 공부에 전혀 흥미가 없는 아이라면, 공부에 대한 강요보다 아이가 진짜 하고 싶은 것이 무엇인지 파악하는 게 우선이다.

공부가 됐든, 음악이나 미술과 같은 예술 쪽 재능이 됐든 간에 될 성 부른 나무의 떡잎 색깔은 비슷하다. 자신이 좋아하는 분야에 집중력을 발휘하는 영재들은 하나같이 그 분야에서 창의성을 발휘한다.

> 자신이 좋아하는 분야에 집중력을 발휘하는 영재들은 하나같이 그 분야에서 창의성을 발휘한다

그런데 창의성은 갑자기 하늘에서 뚝 떨어지는 것이 아니다. 천재란 모름지기 하늘에서 내려준 인물이라고 한다. 그러나 최근의 연구 결과에 따르면, 천재가 유전적이고 선천적인 재능을 타고났다고 해도 후천적인 노력이 없다면 범재가 될 수밖에 없다고 한다. 과거에 신동이라고 불리는 아이들을 소개하는 텔레비전 프로그램이 있었다. 그러나 그 아이들이 성인이 됐을 때는 대부분이 그저 평범한 인물이 됐고 사람들의 기억에서 사라졌다. 창의성도 후천적인 노력이 필요한 것이다.

그렇다면 수학과 창의성은 어떤 관계일까? 창의성이 후천적인 노력으로도 갖출 수 있는 것이라면 수학 공부를 열심히 하는 학생은 창의성이 증진될까? 뇌를 연구하는 사람들은 창의성은 오른쪽 두뇌의 작용이라고 한다. 직관과 감각 기능이 뛰어난 사람들은 오른쪽 뇌의 활동이 활발한 사람들이고, 주로 예술 분야에 종사한다. 반면에 왼쪽 뇌는 논리적인 사고와 언어능력과 깊은 관련이 있다고 한다. 그래서 왼

쪽 뇌의 활동이 활발한 사람일수록 수학을 잘하는 경향이 있다.

창의성이 오른쪽 뇌와 관련이 있고, 논리적인 사고능력은 왼쪽 뇌와 깊은 관련이 있다는 뇌 연구의 결과는 언뜻 수학과 창의성은 상관관계가 없는 것처럼 보인다. 혹자는 창의성이 부족하더라도 수학을 잘할 수 있을뿐더러, 창의성이 없는 사람일수록 수학을 더 잘할 수 있다는 주장도 내놓고 있다. 즉 오른쪽 뇌보다 왼쪽 뇌의 활동을 더 활발하게 할 수 있기 때문이라는 것이다.

> 수학계의 노벨상인 '필즈상'을 수상한 사람은 한 명도 없는 게 대한민국의 현주소다

수학올림피아드에서 우리나라 학생들은 항상 상위권에 들어가 있다. 학생들의 수학 실력만 보면 전 세계에서도 뒤질 게 없다. 그런데 수학계의 노벨상이라고 하는 '필즈상'을 수상한 사람은 한 명도 없는 게 대한민국의 현주소이다.

필즈상은 4년마다 한 번씩 연구 실적을 평가하여 수상자를 선정한다. 수상자의 대상 기준은 40세 이하의 연구자로 제한되어 있다. 올림피아드를 경험한 학생과 필즈상을 수상하는 사람과의 나이 차가 그리 크지 않은 셈이다. 그럼에도 올림피아드에서는 우수한 성적을 내는 반면에 필즈상 수상자는 단 한 명도 없는 이 불편한 진실은 왜 생긴 것일까?

올림피아드와 필즈상의 차이는 바로 창의력이라고 할 수 있다. 올림피아드는 선발된 학생들이 다섯 시간 동안 주어진 문제를 열심히 푼다. 하지만 필즈상은 문제를 잘 푸는 사람이 아니라 10여 년 동안 연구를 한 사람에게 주어진다. 따라서 올림피아드는 문제를 푸는 훈련을 열심히 한 학생에게 유리하지만, 필즈상은 창의적인 발상으로 연구를

한 사람이어야 수상 자격을 얻을 수 있는 것이다.

창의성이 다소 부족하더라도 왼쪽 뇌가 발달하여 수학 공식과 같은 논리적 이해가 발달한 학생들은 반복된 훈련으로 수학 문제를 풀기는 쉽다. 그래서 올림피아드에서는 강세를 보인다. 이 사실만 두고 본다면, 수학과 창의성은 관계가 없다는 말이 얼핏 맞을 수 있다. 하지만 진정 수학의 본질을 탐구하고 연구를 해서 그 업적을 평가하는 필즈상의 경우를 보면, 수학과 창의성은 뗄 수 없는 관계로 보인다.

논리적인 사고는 창의력을 증진시키는 데 많은 도움을 준다는 게 학계의 정설이다. 왜냐하면 창의성은 가만히 앉아서 기발한 생각이 떠올릴 때가 아니라 눈앞에 있는 문제를 해결하는 과정에서 발휘되는 게 대부분이기 때문이다. 이러한 문제해결능력은 논리적인 사고능력이 뒷받침되어야 한다. 문제를 해결하는 과정에서 파편처럼 흩어진 지식들을 종합하여 해결방법을 찾을 때 논리적인 사고능력이 없으면 길을 헤매기 십상이기 때문이다.

최근 수학에서 창의성을 많이 강조하는 것을 쉽게 이해하지 못하는 부모들이 아직도 많다. 그저 공식과 개념을 열심히 외워서 문제만 잘 풀어내면 수학 성적은 따 놓은 당상이라고 과거의 공부법을 계속 고집한다. 주어진 시간 안에 정해놓은 문제를 다 풀어내야 한다는 압박감을 주며 아이에게 수학 공부를 시키는 것은 당장의 시험 성적에만 올인하는 실수를 범할 수 있다. 경제학자들은 단기이익에만 치중을 하면 기업이 오랫동안 생존할 수 없다고 한다. 저 멀리 바다에서 엄청난 풍랑이 몰아치고 있는데, 당장 바닷가에 조개가 널려 있다고 줍고 있으면 어떻게 되겠는가? 그깟 조개들보다 생존의 기반이라 할 수 있는 배부터 피신을 시키며 만반의 대비를 해야 하는 게 맞다. 수학 공부도 이와 다를 게 없다.

문제를 해결할 때 그 누구도 예상하지 못한 해결방안을 찾는 것은 창의성의 몫이다. 그리고 창의성은 치열한 글로벌 경쟁의 시대에서 국가경쟁력의 핵심으로 떠오르고 있다. 그렇기 때문에 개인의 자질에 있어서도 창의성은 앞으로 더욱 중요해질 수밖에 없다. 수학이나 과학과 같은 과목은 이러한 창의성과 문제해결능력의 바탕이 되는 논리적인 사고능력을 키워주기 때문에 이 과목들에 대한 교육도 점차 강화되고 있다.

> 수학은 문제해결법을 찾으려고 생각하는 과정을 배려하는 것이 우선이다

따라서 앞으로 수학 공부는 그저 빨리 문제를 푸는 능력만 키워서 될 게 아니라 아이들이 문제의 해결방법을 찾으려고 생각하는 과정을 배려하는 것이 우선이다. 이 과정에서 아이가 가장 많이 하는 질문인 "왜?"에 대해서 답안지와 공식만을 보여주며 못한다고 꿀밤을 때릴 것이 아니라, 함께 고민하고 생각하며 아이가 답을 찾아가는 과정을 이끌어야 한다. 부모의 인내와 배려야말로 수학적 창의성을 키우는 든든한 밭인 셈이다.

수학의 범위를 단순히 공식에 따른 문제 풀기가 아니라 좀 더 넓은 범위에서 적용되는 학문이라고 생각하면 이른바 '수학적 상황'에서 창의성을 발휘하게 된다. 레오나르도 다 빈치는 〈최후의 만찬〉이나 〈모나리자〉를 그린 유명한 화가의 삶만 산 게 아니다. 그가 지금의 헬리콥터나 잠수함, 비행기, 낙하산 등의 기본 원리가 담긴 메모를 남긴 것을 보

면, 수학적 상황에서 그 창의성을 십분 발휘한 것임을
알 수 있다.

수학은 결코 수학 공식에 한정되어 문제를 푸는 것에
그치지 않고 다양한 방식으로 문제를 해결하는 과정과 그 능력에서
창의성을 발휘하는 데 도움을 준다. 이런 수학적 창의성은 공식의 틀
에 갇히기보다 편견과 선입견에서 벗어나게 한다. 하루가 다르게 예측
이 불가능한 요즘 세상에서 수학적 창의성은 아이의 미래를 밝게 해주
고 다양한 선택지를 마련해줄 수 있을 것이다.

수학, 공식만 외우면 된다?

맹모삼천지교(孟母三遷之敎)
의 말을 우리나라 학부모들만큼이나 잘 따라하는 나라는 찾기 힘들다.
그런데 그 실체를 들여다보면, 씁쓸한 미소를 지을 수밖에 없다. 당장
입시를 코앞에 두고 소문난 족집게 선생님이 있는 학원이나 과외를 듣
기 위해 아이는 한 달이 멀다 하고 이곳저곳으로 옮겨 다닌다. 그리고
아이는 고시 공부에 못지않은 엄청난 공부량에 잠은커녕, 먹는 것조차
패스트푸드로 때우기 일쑤이다. 게다가 돌 하나씩을 쌓다보면 거대한
탑을 만들 수 있다는 말로 단순한 문제풀이를 지루하게 반복하니 공부
가 재미있을 리가 없다. 더군다나 수학은 후천적인 노력을 기울여야
성과를 볼 수 있는 과목이라서 더욱 스파르타식 학습방법을 고집하는
경우가 많다.

어떤 이들은 '수학도 암기과목이다'라는 주장을 내세우기도 한다.

개념과 원리, 그리고 법칙과 공식을 달달 외우고 하루에 100문제씩을 꾸준히 풀면 수학의 달인이 된다고 한다. 하루라도 공식을 외우지 않고 문제를 풀지 않으면 금세 문제집은 수북이 쌓여 아이들의 어깨를 짓누른다. 그나마 초등학교 저학년일 때는 엄마가 수학 공부를 봐주면서 어느 정도 관리를 할 수 있다. 하지만 고학년이 될수록, 또 중학교와 고등학교에 올라갈수록 엄마는 아이를 학원에 맡기고 숙제를 다 했는지에 대해서 체크만 할 뿐이다. 그저 숙제의 양에 집착을 하고, 문제를 다 풀고 답을 얼마나 맞혔는지 그 결과에만 주목한다. 그러면서 엄마는 성에 차지 않는 아이에게 화를 낸다.

중학교에 이어 고등학교에 올라가면 외우는 식의 수학 공부는 통하지 않는다

"아니, 저학년 때는 문제 유형을 잘 외워서 점수도 곧잘 받더니만 왜 학년이 올라갈수록 성적이 떨어지는 거야! 당장 컴퓨터 게임 금지야!"

지금까지 초등학교 수학은 문제의 유형만 외워서 공부를 하면 어느 정도 수학 성적을 얻을 수 있었다. 그러다 보니 엄마들은 자기 아이가 수학은 좀 한다는 식으로 주위에 이야기를 했다. 그러나 중학교에 이어 고등학교에 올라가면 더 이상 외우는 식의 수학공부는 통하지 않는다. 결국 속속 수학을 포기하는 학생들이 늘어나고, 엄마의 한숨도 늘어만 간다.

사실 초등학교와 중학교를 거치면서 새로운 유형의 문제가 나오지 않으면 암기를 하는 방식의 수학 공부가 어느 정도 통할 수 있다. 문제집을 산처럼 쌓아놓고 풀면 웬만한 유형의 문제쯤은 풀어낼 수 있다. 그러나 고득점을 받기는 힘들다. 암기식의 수학 공부가 가지는 한계는 뚜렷하다.

수학에서 중상위권의 성적을 가지고 있는 학생들이 1퍼센트의 수준에 들어가지 못하는 이유의 대부분이 이런 암기식, 혹은 유형별로 많은 문제를 푸는 습관에서 벗어나지 못하기 때문이다. 새로운 유형의 문제라고 해도 긴장하기보다 그동안 익힌 수학적 사고능력으로 풀어보겠다는 자신감이 중상위권에서 1퍼센트의 최상위권으로 올라가는 비결인 셈이다.

수학적 능력은 연산뿐만 아니다

최근 들어 수학은 암기식 공식에서 벗어나 사고능력을 요구하는 학문으로 인식되고 있다. 물론 기계적인 연산능력을 키우는 것도 일단 사고력과 논리력을 키우는 데 도움이 된다. 그러나 수학 1등급을 받기에는 부족할 수밖에 없다.

지금까지의 수학은 너무나 어렵고 연산도 심화의 난이도가 매우 높았다. 물론 연산이 심화라고 해서 사고력이 키워지지 않는다고는 말할 수 없다. 논리력과 사고력을 키워주는 효과가 있긴 하다. 단지 이러한 논리력과 사고력으로는 수학과 현실의 상관관계를 이해하는 것에 한계가 있다. 그래서 학생들은 수학을 공부하면서 현실성이 결여된 수험 과목으로만 받아들인다.

"도대체 수학이 내가 살아가는 데 왜 필요해?"

혹자는 학교를 졸업하고 난 뒤에 수학이란 그저 책 페이지를 읽을 때나 필요하다고 폄하하기도 한다. 이런 생각을 하니 수학이라는 학문에 대한 만족도는 떨어지게 된다. 수학으로 세상을 바라보는 눈이 없는 사람으로서는 당연한 반응인 것이다.

　　그런데 이제는 교육과학기술부가 나서서 수학을 통해 세상을 바라보는 힘을 키우겠다고 한다. 이는 수학을 통해 세상을 바라보는 사람이라면, 당연한 이야기라고 할 수 있다. 우리의 일상생활이 다 수학이기 때문이다. 요즘 학생들이 손에 쥐고 한시라도 놓지 않는 스마트폰만 보더라도 수학적 사고가 녹아들어가 있다. 스마트폰의 디자인을 보면, 이른바 황금비율인 1대 1.618의 비율로 가로 세로의 길이를 보여준다. 황금비율은 기원전 6세기에 태어난 피타고라스가 주장한 것이다. 인간이 가장 아름다운 비율로 생각하는 것이 바로 황금비율이라는 것이다. 실제로 한 연구 결과에 따르면, 사람들에게 다양한 모양의 사각형을 제시하고 그중에서 가장 눈에 띄거나 안정적으로 느끼는 것을 선택하라고 하니 남녀노소 할 것 없이 대부분의 사람들이 황금비율의 사각형을 선택했다고 한다. 그래서 오래전부터 건축이나 미술에서 이 황금비율은 자주 이용되었고, 현대의 문물에도 여전히 적용되고 있다.

> 수학으로 세상을 바라본다는 것은 융합된 사고력을 통해서 창의력을 더 많이 발휘하는 것을 뜻한다

　　수학으로 세상을 바라본다는 것은 융합된 사고력을 통해서 창의력을 더 많이 발휘하는 것을 뜻한다. 더군다나 우리나라가 IT 강국으로 가려면 창의적인 사고력과 논리력은 더욱 필요하다. 기업의 경쟁력뿐만 아니라 국가경쟁력을 키우는 데도 꼭 필요한데, 공식만 외우는 식의 연산능력만으로는 한계가 있기 때문이다.

　　이제 우리나라도 스티브 잡스(Steve Jobs)와 같은 인물이 나와야 한

다. 많은 사람들이 "수학만큼은 우리가 미국보다 앞선다"고 흔히 말하지만, 엄밀히 말해 그렇지 않다. 앞서 말한 것처럼 초·중·고등학생들의 실력은 올림피아드 성적으로 봤을 때 앞선다고 할 수 있다. 그러나 필즈상은 단 한 명의 수상자도 배출하지 못했다. 수학적 사고능력을 키울 수 있는 환경이 아니라는 것이다. 그러니 스티브 잡스와 같은 인물이 나오기란 매우 어려운 실정이다.

부모들 또한 수학은 그저 문제를 푸는 기술적인 학문으로만 인식하는 경우가 많다. 이런 생각을 하고 있기 때문에 수학은 수학대로, 과학은 과학대로, 음악과 미술도 각각 그 과목의 테두리 안에서만 생각한다. 그러나 이제는 그러한 관점으로 아이의 공부를 바라보면 입시는커녕, 장래에도 먹구름을 드리우는 꼴이 될 수도 있다.

물론 부모들이 아이들의 공부와 관련해서 수학적 사고와 입체적인 사고, 여러 과목을 넘나드는 융합적 사고를 키워주는 게 쉽지만은 않다. 수학 공부와 관련한 상담을 하면서도 수학 말고도 다른 과목과의 연계를 지도해야 하는 것에 부담을 느끼는 부모들도 많았다. 장기적으로 보면, 아이를 융합적인 인재로 키우는 게 맞지만, 당장 뭔가를 해야 한다는 게 부담스럽다는 것이다.

> 수학적 사고는 일종의 습관으로 형성되는 것이다

수학적 사고를 가지는 것은 뭔가 가르치는 것으로 되는 게 아니다. 수학적 사고는 일종의 습관으로 형성되는 것이라 할 수 있다. 따라서 평소에 수학적 사고력을 기를 수 있도록 관찰하고 유도하는 것이 좋다.

수학적 사고력을 키우려면 우선 수학을 비롯한 자신에게 부여된 문제에 대해 회피하지 말고 적극적인 자세를 가져야 한다. 이때, 문제해결의 결과만을 가지고 평가를 해서는 안 된다. 그보다 얼마나 적극적인 자세로 문제를 풀고, 그 과정에서 자신이 알고 있는 지식과 경험을 어떻게 활용하는지를 눈여겨보고 짚어주는 게 효과적이다. 수학적 사고력은 앞서 말한 것처럼 문제해결능력이 바탕이 된 논리적 사고능력과 연관이 깊다. 그래서 문제해결에 대해 적극적일수록 수학적 사고력은 발달할 가능성이 매우 높다. 많은 전문가들이 수학적 사고력을 키우려면 자신감부터 가지라고 조언을 하는 것도 바로 이런 이유 때문이다.

> 수학적 사고는 문제해결능력이 바탕이 된 논리적 사고능력과 연관이 깊다

이런 수학적 사고의 습관이 갖추어지면 문제를 이해하는 속도도 빨라지거니와, 까다로운 문제 앞에서도 쉽게 포기하지 않는다. 단답형의 유형에 길들여진 사고능력이 아니기 때문에 문제의 원리를 이해하려는 시도를 자연스레 하게 된다. 그리고 수학적 사고능력이 일상에서도 늘 요구되는 것임을 깨달은 학생이라면 더욱 적극적으로 문제를 해결하려고 할 것이다.

플라톤은 자신이 세운 아카데미의 정문에 "기하학을 모르는 자는 들어오지 마라"는 문구가 적힌 현판을 내걸었다고 한다. 플라톤이 생각하는 이상적인 국가는 수학의 원리와 사고능력으로 허상과 진실을 구분하는 사람들이 운영하는 국가이다. 그래서 그는 국가 운영에 참여할 사람이라면 10년 동안 수학을 공부해야 한다는 법률을 만들자고 주장했다. 플라톤이 수학이야말로 국가 운영의 기본이 되는 학문이라고 이야기한 것은 단순한 공식에 따른 기계적 사고능력을 뜻하는 게 아니었다. 그는 만물과 사회의 복잡한 문제, 인간관계 등을 수학적 사

고를 통해 분류하고 문제를 해결하는 것이 가장 효과적이라는 것을 강조하였다.

더 이상 연산능력만으로는 내신과 입시뿐만 아니라 사회에서도 스스로의 가치를 높일 수 없다. 피타고라스는 "만물의 근원은 수이다"라고 했다. 만물을 바라보는 시각을 수학적 사고로 갖출 수 있다면 만물에 대한 이해가 그만큼 깊다고 할 수 있다. 이런 수학적 사고력은 창의성과 더불어 합리성, 논리성을 키워주기 때문에 스스로의 가치를 높여준다. 공부뿐만 아니라 일상에서, 그리고 장래의 직업을 통해 일을 할 때도 최선의 결정을 내릴 수 있는 훈련은 바로 수학적 사고능력을 키우는 것이다.

> 수학적 사고는 창의성과 더불어 합리성, 논리성을 키워주기 때문에 스스로의 가치를 높여준다

수학적 원리와
수학적 사고력이
필요하다

맨홀의 뚜껑은 하필이면 왜 원형의 모습일까? 네모난 맨홀과 삼각형의 맨홀은 찾아보기 힘들다. 맨홀이 원형으로 만들어진 이유에는 수학적 원리가 숨겨져 있다. 삼각형이나 사각형은 약간이라도 비틀어지면 뚜껑이 밑으로 빠져버릴 수 있다. 반면에 원형의 맨홀 뚜껑은 '정폭도형'이라는 수학적 원리 때문에 밑으로 빠질 염려가 없다. 정폭도형은 폭이 일정한 도형을 뜻한다. 원은 지름이 곧 폭이 되는데, 원의 지름은 언제나 일정하기 때문에 정폭도형인 것이다.

맨홀 뚜껑의 예처럼 우리의 일상에서 수학적 원리는 곳곳에서 발견할 수 있다. 평소에 수학적 사고능력을 키우지 않으면 무심코 지나칠 맨홀과 같은 수학적 원리는 앞서 언급했던 스마트폰의 디자인에서 찾을 수 있었던 황금비율, 2진법이 적용된 바코드 등 무수히 많다. 수학적 원리를 이해하는 수학적 사고는 단순한 호기심으로 세상을 바라보는 것에 그치지 않는다. 때론 개인의 인생에 결정적인 영향력을 미치기도 한다. 실제로 최근 기업에서는 수학적 원리에 대한 이해와 수학적 사고능력을 갈수록 중요하게 여기고 있다. 얼마 전에 한 기업에서 취업 희망자들에게 수학적 사고를 요구했던 질문이 화제에 오르기도 했다.

"우리나라에 있는 전봇대는 전부 몇 개입니까?"
"맨홀 뚜껑은 왜 둥급니까?"

당장 컴퓨터를 사용할 수 있으면 검색이라도 할 텐데, 아무런 도구를 활용할 수 없는 면접장에서 취업 희망자들은 꿀 먹은 벙어리가 되거나, 아니면 막연히 숫자를 불러댈 수밖에 없었다. 이때 평소 수학적 원리와 수학적 사고능력을 갖춘 사람이라면 군이 통계청이나 국토해양부의 홈페이지에 접속하지 않더라도 답을 추론할 수 있다. 물론 천재가 아니라고 해도 말이다.

> 수학적 원리와 수학적 사고능력의 중요성은 취업과 직장생활, 일상생활 등 광범위하게 부각된다

수학적 원리와 수학적 사고능력은 입시뿐만 아니라 취업과 직장생활, 사업, 일상생활 등에서 광범위하게 부각되고 있다. 그렇기 때문에 수학을 입시 과목으로만 생각하고 학교 때만 공부하는 과목으로 여긴다면, 아이를 둔재로 키우는 꼴이나 다름없다. 이보다 더 눈살을 찌푸리게 하는 것은 수학적 사고는커녕, 수학적 상식을 잘못 적용하여 웃지 못할 일이 벌어지는 것이다. 예를 들어 미국의 수학자인 마틴 가드

너(Martin Gardner)가 확률에 대한 사람들의 몰상식을 꼬집은 사례가 이런 경우에 해당한다.

평소에 비행기를 자주 타는 한 남자가 있었다. 그는 테러에 대한 공포 때문에 비행기에 누군가 폭탄을 갖고 탑승했을 수도 있다는 생각을 했고, 늘 불안감을 떨치지 못했다. 그래서 그가 생각한 것은 스스로 뇌관을 제거한 폭탄을 가방에 넣고 비행기에 타는 것이었다. 확률적으로 따졌을 때, 승객 중에서 2명이나 폭탄을 소지하고 같은 비행기에 탑승할 일은 거의 없을 것이라는 생각 때문이었다.

수학적 원리와 수학적 사고능력을 제대로 갖추지 못한 사람은 이처럼 어처구니없는 일을 아주 과학적이라고 착각하기도 한다.

수학이 숨어 있는 세상

우리나라는 일 년 내내 각종 이슈와 관련하여 사회 구성원 간의 갈등이 빈번히 빚어지곤 한다. 그들은 각자의 이해관계에 따라 자신들의 주장을 세상에 알리기 위해 거리에서 집회를 연다. 그때마다 언론은 집회 장소에 모인 인원을 추산하여 보도를 한다. 그런데 집회에 참석한 인원을 보도하면서 '경찰 측 추산치'와 '주최 측 추산치'를 구분하여 보도하는 경우가 대부분이다. 그리고 각각의 추산치는 종종 오차의 한계를 넘어 심하게는 몇 배의 차이를 보이기도 한다. 예컨대, 경찰이 추산한 인원은 5만 명인데, 주최 측은 30만 명이라고 하는 것이다. 이렇게 동일한 장소에서 동일한 인원이 모였음에도 각각의 추산치가 다른 이유는 뭘까? 이런 차이가 발생하는 것은 다름 아닌 '관점과 해석의 차이' 때문이다.

경찰은 집회의 여파가 더 이상 확산되지 않게 하려고 가급적 인원을 줄일 것이고, 주최 측은 집회가 성공적으로 치러졌다는 것을 알리고 싶어서 참가 인원을 최대한 부풀리려고 할 것이다. 그래서 경찰과 주최 측은 각각 다른 근거를 가지고 인원을 계산한다. 예를 들어 서울광장의 면적이 약 1만 3,000㎡이고 인근 세종로 일대 면적을 합칠 경우 약 3만 3,000㎡라고 가정을 하자. 그리고 1평에 해당하는 3.3㎡의 공간에 서 있을 수 있는 인원을 5명이라고 한다면, 이곳에서 집회를 열었을 때 참가 인원은 약 5만 명이 된다. 그러나 똑같은 공간에서 수용 가능한 최대 인원을 5명이 아니라 30명이라고 한다면, 집회 참가 인원은 순식간에 30만 명으로 불어난다.

집회 참석 인원을 이렇게 계산하는 이유는 일일이 인원을 파악할 수 없기 때문이다. 그래서 특정 면적에 수용할 수 있는 인원을 어림짐작해서 전체 인원을 계산할 수밖에 없다. 이와 같이 전체를 부분으로 쪼개서 참값을 추정하려면 정확한 측정값이 필요하다. 그러나 보는 이의 관점에 따라 5명과 30명이라는 약간의 차이가 결과에 있어서는 5만 명과 30만 명이라는 엄청난 차이를 낳을 수 있다.

이러한 추정치와 관련한 문제는 앞서 언급한 기업의 면접에서 많이 활용된다. 이때 기업의 면접관들은 실제로 전국의 전봇대가 몇 개인지 정확한 답을 바라지 않는다. 그보다 계산을 하는 과정에서 얼마나 합리적으

기업의 면접관들은 문제해결 과정에서 얼마나 합리적으로 추론하는지를 평가한다

학생들의 논리적 사고력을
시험하려고 도입한
문제 유형이
바로 페르미 추정이다

로 추론하는 것인가를 평가한다. 이처럼 계산 과정의 합리성을 전제로 하는 문제를 흔히 '페르미 추정(Fermi Estimate)'이라고 한다.

노벨물리학상을 수상하기도 한 이탈리아의 물리학자 엔리코 페르미(Enrico Fermi)가 학생들의 논리적 사고력을 시험하려고 도입한 문제의 유형이 바로 페르미 추정이다. 이 유형의 가장 대표적인 문제가 "시카고에는 피아노 조율사가 몇 명이나 있을까?"이다. 시카고에 피아노 조율사라는 직업을 가진 사람을 실제로 알아맞히기란 매우 어렵다. 그러나 페르미 추정에 따라 계산해보자.

우선 각종 수치를 가정해본다. 첫째, 시카고의 인구는 약 300만 명이다. 둘째, 한 가구당 평균 구성원은 3명이다. 셋째, 시카고의 피아노 보유율은 10퍼센트라고 하면, 10만 가구가 피아노를 가지고 있다. 넷째, 피아노 조율은 일 년에 한 번씩 한다. 다섯째, 피아노 조율사가 조율을 하는 시간은 대략 2시간이다. 여섯째, 피아노 조율사는 하루 8시간, 주 5일, 연간 50주간을 일한다.

이 가정에 따라 각각의 수치를 계산하면 다음과 같은 결론이 나온다. 시카고의 가구 수는 인구 300만 명을 가구당 평균 구성원인 3으로 나누면 총 100만 가구이고, 피아노는 10퍼센트의 보유율을 적용하면 총 10만 대가 있다. 그렇다면 피아노 조율은 일 년에 한 번씩 한다는 가정 하에 연간 10만 건이 발생한다.

그럼 피아노 조율사가 일 년에 피아노를 조율할 수 있는 건수를 살펴보자. 하루 8시간 근무 중에서 피아노 한 대당 2시간이 소요되니 하루에 최대 4대의 피아노를 조율할 수 있다. 이를 일주일로 환산하면

5일 근무이기 때문에 20대이다. 그렇다면 일 년에 50주를 근무하니 1,000대를 조율할 수 있다. 일 년에 한 조율사가 1,000대까지 조율할 수 있으니 피아노 조율사의 숫자는 100명이라고 추론할 수 있다.

이와 같은 페르미 추정으로 전국의 맨홀 숫자나 전봇대 숫자도 추론할 수 있다. 이런 수학적 사고방식에 익숙해지면, 시장에서 신제품을 출시할 때 예상 판매량과 매출 등을 가늠할 수 있다. 단순히 더하기와 빼기, 곱셈과 나눗셈을 할 줄 알고 고급 수학을 다룰 줄 아는 것보다 이러한 추론 과정의 능력을 갖춘 사람이 실제 기업에서 필요로 하는 인력이다.

> 고급 수학을 잘하는 것보다 추론의 능력을 갖춘 사람이 기업에서 필요로 하는 인력이다

수학적 원리를 반영하기 위해 수학적 사고를 활용한 사례는 너무나 많다. 건축물의 경우가 대표적인 사례라고 할 수 있다. 우리의 조상들도 수학적 원리를 건축물에 반영한 수학적 사고를 유감없이 발휘했다.

신라시대에 만든 첨성대는 곳곳에 수학적인 요소가 깃들어 있다. 우선 첨성대는 27단으로 구성되어 있다. 왜 27단일까? 첨성대를 만든 때의 왕은 선덕여왕이었는데, 신라의 27대 왕이었다. 그리고 첨성대 맨 꼭대기의 우물 정(井) 자 모양의 돌까지 합치면 28단인데, 이는 당시 기본 별자리 수인 28과 일치한다. 천문을 관찰하려고 만든 첨성대이니 별자리 수와 일치하는 게 우연은 아닐 것이다. 또한 맨 밑의 기단석을 합치면 29단이 되는데, 이는 음력의 한 달에 해당한다. 첨성대를 중간의 창을 기준으로 위 아래로 구분하면 각각 12단인데, 이는 일 년 열두 달을 뜻하고 합치면 24절기를 나타낸다. 게다가 첨성대의 돌 개

수를 세어보면 약 365개이고, 이는 일 년의 일 수가 된다.

첨성대만 수학의 원리와 개념이 숨어 있는 게 아니다. 석굴암은 수학적 원리를 통해 조화의 미를 여실히 보여준다. 구형과 삼각형, 사각형 등 기하학적 구성의 완벽함으로 보는 이로 하여금 탄성을 자아낸다. 비록 일제강점기 때 어설프게 손을 대는 바람에 다소 훼손됐지만, 천 년이 지난 지금까지 그 원형이 남아 있는 이유는 신라인들의 건축 비법에 치밀한 수학적 원리가 적용된 덕분이라는 게 정설이다.

최첨단 무기뿐만 아니라 고대의 각종 방진과 병법에도 수학의 원리가 숨겨져 있다

수학은 전쟁에서도 그 위력을 발휘하고 있다. 현대의 최첨단 무기뿐만 아니라 고대 시절부터 전해진 각종 방진과 병법에도 수학의 원리가 숨겨져 있다. 마케도니아의 전성시대를 연 알렉산드로스 대왕은 용맹함뿐만 아니라 당시에는 최신식 무기라 할 수 있는 여러 공격용 무기를 앞세워 정복 전쟁을 승리로 이끌었다. 이 무기를 만들 때 그는 정확한 발사 거리와 무기의 원리를 고안하기 위해 수학자들을 전쟁에 대동하고 나섰다고 한다. 이때 만들어진 무기는 이후 건축과 토목에 고스란히 적용되어 문명의 발전에 도움을 주었다.

수학은 영화에서도 찾을 수 있다. 〈쥐라기 공원〉을 보면 수학자가 등장한다. '공룡이 설치는 공원에 웬 수학자?'라고 할 만큼 언뜻 연관이 없어 보인다. 그도 그럴 것이 다른 전문가들은 모두가 고대 동물과 식물을 전공한 학자들이었기 때문이다. 그러나 이 수학자야말로 쥐라기 공원의 불행을 미리 알고 있었다. 그는 공원의 성공 가능성을 묻는 사업가에게 '카오스 이론'을 말한다. 아무리 인간이 공룡들을 통제한다고 해

도 자연 속에 숨어 있는 예측 불가능함까지 통제할 수
는 없다며 반대를 한다. 다른 학자들이 자신의 분야에
매몰되어 있을 때, 그는 수학적 사고로 본질을 파악하고
그 후유증을 경고한 것이다. 결국 영화에서 공원은 달콤한 판타지의
공간이 아니라 순식간에 죽음과 공포를 품은 아수라장이 되고 만다.

수학적 원리에 대한 이해와 수학적 사고능력을 키우면 때론 위대한
발견도 할 수 있다. 뉴턴(Isaac Newton)은 평소에도 뭔가 생각에 빠지면
다른 것은 잊어버리기 일쑤였다. 오죽하면 친구와 저녁약속을 했던 뉴
턴은 자신이 약속에 늦어 친구가 먼저 식사를 했는데, 나중에 요리가
없는 것을 보고 "아, 우리가 저녁을 먹었었지"라고 착각을 할 만큼 몰
입의 정도가 남달랐다. 아마도 다른 사람이라면 건망증이 심하다고 치
부하고 말 것이다.

뉴턴은 유명한 수학자인 라이프니츠(Gottfried
Wilberm Leibniz)가 "인류사를 통틀어 뉴턴이 생존했을
때까지의 수학만 보자면, 그의 업적이 절반을 넘을 것
이다"라고 할 만큼 수학에 정통했다. 그는 자신의 뛰어난

집중력을 수학적 사고능력에 접목시켰다. 많은 사람들이 뉴턴이 사
과나무에서 사과가 떨어지는 것을 보고 만유인력을 발견한 것도 이런
수학적 사고능력을 일상적인 관찰에서 집중력을 발휘했던 덕분이라
고 말한다.

뉴턴이 만유인력을 발견하기 전까지 무수한 사람들이 사과나무에
서 사과가 떨어지는 것을 보고 그냥 지나쳤다. 그러나 그는 이 현상을

두고 집중력을 발휘하여 몰입했고, 평소 자신이 갖추고 있었던 수학적 사고능력을 발휘한 것이다.

　하루에 수학 문제만 몇 백 개를 풀겠다고 덤벼드는 학생들을 보고 있으면 사실 마음이 편치 않다. 단지 몇 문제를 풀더라도 기계적 연산에만 의존하는 문제가 아니라 다양하게 문제에 접근하며 수학적 원리를 적용하고 수학적 사고를 할 수 있는 학생에겐 더욱 믿음이 간다. 결국 양보다 질에 좀 더 신경을 써야 한다는 것이다.

역사 속 달력에도 수학의 원리가 '반짝반짝'

고대인에게 (눈에 보이지 않는) 시간이나 날짜를 세는 건 꽤 어려운 문제였다. 당시 사람들은 이를 해결하기 위해 하루가 지날 때마다 나무에 홈을 팠다. 때론 막대기와 돌을 옮겨 표시하기도 했다. 그 과정에서 '달이 찼다가 기우는 데 걸리는 시간은 30일'이란 사실을 깨달았다. 이후 사람들은 30일을 기준으로 더욱더 특별한 표시를 하기 시작했다. 그리고 '특별 표시' 12개가 모이면 같은 계절이 반복된다는 사실도 알게 됐다. 이렇게 해서 인류 최초의 달력이 탄생했다.

당시 인류는 먹을거리를 찾아 사냥하며 이곳저곳 옮겨다녔다. 그러던 중 한 곳에 정착해 농사를 짓고 양이나 염소 등의 가축을 기르며 부락생활을 하게 됐다. 농사를 지으려면 씨 뿌리고 곡식 거두는 시기, 가축이 새끼 낳는 시기 등을 정확하게 알아야 했다. 제대로 된 달력의 필요성은 점차 커졌다. 하지만 이들이 쓸 만한 달력은 늘 부족한 실정이었다.

생각해보기 ①

달을 이용해 표시하던 달력은 당시 고대 인류에게 충분치 않았다. 그 이유는 무엇일까?

생각해보기 ②

달을 이용한 달력에 불편함을 느낀 사람들은 점차 태양을 이용해 달력을 만들기 시작했다. 현재 우리가 사용하는 달력의 형식은 로마 장군 율리우스 카이사르가 고안한 것이다. 카이사르 장군이 역법을 제정한 기원전 46년엔 한 해가 무려 446일이었다고 하는데 그 이유는 무엇일까?

생각해보기 ③

카이사르 장군이 1년을 365일 열두 달로 정한 이유는 무엇일까?
(힌트 : 달과 관계 있음)

생각해보기 ④

7월(July)과 8월(August)의 영문 명칭은 당시 권력자와 밀접한 관계가 있다고 한다. 어떻게 연관돼 있을까?

생각해보기 ⑤

카이사르 장군이 제정한 달력의 1년은 365와 4분의 1일이었다고 한다. 지금 우리가 쓰는 달력과의 차이는 얼마나 될까?

생각해보기 ⑥

우리가 사용하는 달력은 1582년 그레고리우스 13세가 새롭게 제정한 것이다. '그레고리우스력'이라고도 불리는 이 달력은 부활절과 관련이 깊은데 그 이유는 무엇일까? 그레고리우스력은 4년마다 윤년을 뒀으며 100

년으로 나뉘는 해는 평년으로, 400의 배수인 1600년, 2000년 등은 윤년으로 각각 정했다. 이에 따르면 400년 중 평년은 303회, 윤년은 97회 나타나며 1년은 365.2425일이다.

문제 그레고리우스력을 기준으로 했을 때 2009년 4월 22일은 수요일이었다. 그렇다면 2411년 4월 22일은 무슨 요일일까?

 신동엽 컨설턴트가 말하는
스토리텔링 수학 이야기 **중학교 편**

'실생활 연계형' 문제로 중간고사 대비하기

다음은 중학교 1학년 수학 교과서 중 '소수' 부분에 실려 있는 내용이다.

문제 다음 두 학생의 대화를 읽고 질문에 답해보자.

영민 : 1은 1과 그 자신만을 약수로 갖는데 왜 소수가 아니지?

형선 : 1은 2, 3, 5, 7 등 소수와는 좀 다른 것 같아.

영민 : 그래? 만약 1을 소수라고 하면 어떤 일이 생길까? 그렇게 되면 1은

모든 자연수의 소인수가 되겠네. 그럼 1을 소수라고 생각하고 36을 소인

수 분해해볼까?

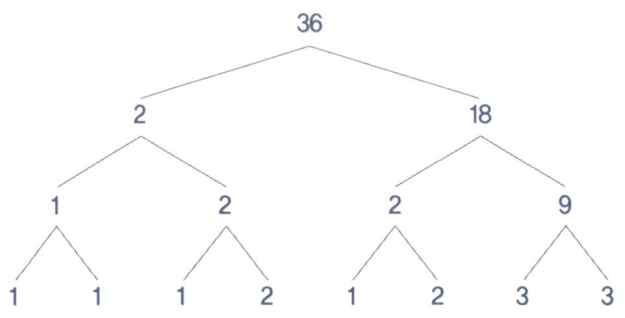

1단계 : 1의 약수 개수와 소수의 약수 개수를 각각 구한 후 1이 2, 3, 5, 7

등 소수와 다른 점을 말해보자.

2단계 : 1을 소수라고 했을 때 36을 소인수 분해한 결과가 어떻게 나타나

는지 써보자.

3단계 : 1·2단계에서 얻은 결과를 이용해 1을 소수라고 하지 않는 이유

를 추측해보자.

위 문제는 '소수의 원리'를 묻고 있다. 반면, 아래 문제는 일상생활에 널리 쓰이

는 소수로 이뤄진 암호 형태의 '수학 과제'를 변형한 실생활 연계형 문제이다.

문제 쪽지에 '52299, 9481368, 6006468, 4434729'란 숫자가 적혀 있다. 이 암호를

해독하려면 아래의 두 가지 자료가 꼭 필요하다.

자료1)

자음	ㄱ	ㄴ	ㄷ	ㄹ	ㅁ	ㅂ	ㅅ	ㅇ	ㅈ	ㅊ	ㅋ	ㅌ	ㅍ	ㅎ
숫자	11	12	13	14	15	16	17	18	19	20	21	22	23	24

자료2)

소수 2개의 곱으로 이뤄진 숫자로 쪽지 속 숫자를 나눠보세요. 단, 쪽지 속 각각의 숫자와 합계는 모두 3의 배수란 사실에 유의하세요.

※ 〈자료1〉과 〈자료2〉를 토대로 위 암호를 해독해보자.

Part 02

스토리텔링
스팀형 수학이 온다

희망이와 아빠가 나가느라 또 폭풍 같은 아침 시간이 지났지만 희망이 엄마는 숨 돌릴 틈도 없이 집안 청소를 끝낸 뒤에 벽에 걸린 시계를 봤다.

 어머, 벌써 시간이 이렇게 됐네. 엄마들이 기다리겠다.

서둘러 집을 나선 희망이 엄마는 일명 '수학을 공부하는 엄마들의 모임' 약속 장소로 향했다. 얼마 전에 우연히 수학 교육 전문가 신동엽 대표를 만나 희망이의 수학 교육에 대해 이야기를 나눈 게 모임을 만든 계기가 되었다.

희망이 엄마는 신동엽 대표와 이야기를 나눌수록 자신이 궁금해하는 내용들은 결국 모든 엄마들의 고민일 것이라는 생각이 들었다. 자연스럽게 힘든 모습으로 돌아섰던 다운이 엄마의 모습도 떠올랐다. 그래서 그녀는 신동엽 대표와 나눈 대화들을 엄마들과 공유하기로 했다. 신동엽 대표에게 자신의 바람을 이야기했더니 그 또한 흔쾌히 수락하며 시간이 허락하는 한 모임에 참석해주기로 약속했다.

 아휴, 왜 이제 와! 희망이 엄마 기다린다고 목 빠지는 줄 알았네. 난 오늘 모임을 며칠 전부터 기다리고 있었는데……. 언니! 우리 주문할게요.

에이그, 설리 엄마! 요즘 셀프 시대야. 가서 주문하고 나중에 받아와야지.

호호호. 내 정신 좀 봐. 마음이 급해서 말이야. 안 그래도 설리 수학 공부 때문에 머리가 아프던 차에 희망이 엄마 전화를 받고 얼마나 반갑던지. 난 며칠 전부터 소풍 떠나는 애처럼 그냥 설레더라고. 그런데 오늘 확실히 애들 수학 잡는 비법을 알려주는 거야? 스토리텔링 뭐라고 하긴 했는데, 그게 뭐야?

설리 엄마는 잠시 호들갑을 떨다가 스토리텔링 수학에 대해 물었다. 수학 공식을 외우고 이해하기도 바쁜데, 무슨 스토리냐며 의아해했다.

설리 엄마는 고민은 많다면서 그동안 애 공부에 신경도 안 썼구나? 요즘 신문에 너도 나도 떠드는 게 스토리텔링 수학이잖아. 새로 교과서도 바뀌는데 수학도 이제 스토리로 공부한다는 거야~.

아, 그런 거야……? 난 뉴스는 빼놓지 않고 보는데 신문은 좀…….

설리 엄마가 살짝 민망한 듯 얼굴을 붉혔다. 그 틈에 선화 엄마 역시 조심스럽게 입을 열었다.

사실은 나도 스토리텔링이 뭔지 잘 모르는데……. 이야기로 배우는 수학이야 애들 유아 때 수학동화를 다 뗀 거 아냐?

다들 괜찮아. 시작이 반이라고 하잖아. 이제부터 배워도 늦지 않다고 생각해.

희망이 엄마가 자신이 왜 이 모임을 만들게 되었는지 이야기를 시작하려는데, 신동엽 대표가 들어왔다.

 선생님! 여기에요. 많이 바쁘신데 저희가 폐를 끼치는 건 아닌지 모르겠습니다. 호호.

 다들 먼저 오셨네요. 반갑습니다.

 선생님! 근데 앞으로 수학을 스토리로 공부한다는 게 무슨 말이에요?

 참 급하기도 해. 선생님도 숨 좀 돌리고 이야기해도 되겠구먼.

모두가 왁자지껄한 가운데, 희망이 엄마는 수줍게 웃으며 가방에서 뭔가를 꺼냈다. 오늘 이야기할 주제인 스토리텔링 스팀형 수학과 관련한 신문 스크랩이었다.

 선생님이 쓰신 글이랑 이것저것 스크랩을 해봤어요. 미리 읽어두면 좋을 것 같아서…….

 잘하셨네요. 아무래도 저에게 이야기를 한번 듣고 마는 것보다 어머님들께서도 이렇게 자료를 찾아보시고 정리를 해두면 좋죠.

설리 엄마는 신동엽 대표가 칭찬을 한 희망이 엄마의 스크랩 자료를 낚아채 열심히 뒤적이며 봤다. 그런 그녀의 모습을 본 엄마들은 한마디씩 톡 쏘며 신동엽 대표의 이야기를 기다렸다.

 다들 열의가 대단하시네요. 그럼 오늘 할 이야기의 주제인 스토리텔링 수학 이야기를 해볼까요?
그동안 수학이라고 하면 복잡한 숫자와 공식으로 버무려진 어려운 과목으로 알고 있었죠. 그리고 더하기, 빼기, 곱하기, 나누기에 구구단만 외우면 일상에

지장이 없으니 수학은 입시에만 필요한 과목이라고 생각하는 경우도 많습니다. 요즘은 계산기도 좋고 스마트폰도 있으니 뭐 계산할 때 아쉬울 게 없죠. 그런데 과연 수학은 계산을 할 때만 필요한 과목일까요? '수학을 지배한 자가 곧 세상을 지배한다'는 말이 있답니다. 우리 아이들이 세상을 지배하는 것까지는 아니더라도 세상만물을 제대로 이해할 수 있다면 얼마나 좋겠어요?

신동엽 대표는 엄마들에게 수학에 대한 편견부터 깨라고 주문했다. 그러기 위해서는 엄마들부터 수학의 '스토리'를 알고 또 아이들에게 들려줘야 한다고 당부했다.

스토리텔링 스팀형 수학을 공부하자

2013년부터 우리나라의 수학 교육은 커다란 변화를 맞게 된다. 수학 교과서가 '스토리텔링 스팀형 수학'으로 바뀐다는 것이다. 수학과 스토리텔링. 어찌 보면 쉽게 이해가 되지 않는 조합이다. 숫자와 기호로 가득 찬 수학의 세계에서 무슨 스토리냐고 반문하는 사람들도 간혹 있다. 그러나 지금까지 수학에 대한 잘못된 편견 때문에 개인의 창의성과 국가와 사회의 경쟁력은 크게 발전하지 못했다. 아무리 우리가 OECD에 가입한 나라라고 해도 선진국이라고 이야기하기에는 그 위치가 매우 모호하다. 이제 곧 선진국의 반열에 들어설 만큼 경제적인 발전을 이루었다고 하지만, 이 또한 세계를 리드하는 것과는 다소 거리가 멀다.

혹자는 이러한 우리나라의 한계를 수학적 사고와 창의성을 가지고 설명하기도 한다. 우리나라가 디지털 기기 분야에서 글로벌 1위를 달리고 있지만, 주로 하드웨어에 국한되어 있다는 것이다. 즉 기계적 연산에 따른 기계 조립과 제조에는 탁월하지만, 소프트웨어의 바탕이 되는 수학적 사고능력과 창의성은 부족하다는 것이다. 심지어 어떤 이는 '뛰어난 하청국가'에 불과하다는 혹평도 서슴지 않는다.

앞서 이야기했듯이 우리나라 학생들의 수학 실력은 전 세계에서도 인정하고 있다. 올림피아드뿐만 아니라 PISA(Programme for International Student Assessment)나 TIMSS(Trend in International Math and Science Study)와 같은 국제학력비교평가에서도 한국은 꾸준히 최상위권을 유지하며 높은 학업성취도를 보이고 있다. 하지만 이렇게 뛰어난 수학적 능력을 갖춘 학생들이 많은데, 필즈상의 수상자는 한 명도 없다. 오히려 학생들의 학업성취도가 낮다고 평가를 받고 있는 미국과 비교해도 쉽게 납득이 되지 않는다.

수학은 과학의 뿌리이다. 그런데 그 뿌리가 단지 숫자의 나열과 조합으로 이루어진 것이 아니다. 매번 강조했듯이 수학은 문제해결능력과 논리적 사고력을 키워 창의성을 발휘하도록 해준다. 하드웨어에서 아무리 뛰어난 실력을 보이더라도 소프트웨어가 주도하는 흐름에 이끌려갈 수밖에 없다. 그래서 수학은 하나 더하기 하나는 둘이라는 기계적 연산보다 셋이 될 수도 있고 넷을 만들 수도 있는 학문이다. 그런데 아직도 하나에 하나를 더하면 둘밖에 되지 않는다는 기계적 사고로는 진정한 리더의 위치에 도달할 수 없다.

이미 미국을 비롯한 전 세계는 기계적 연산이 아닌 스토리텔링이 가미된 스팀형 수학 교육을 시행하고 있다. 그들은 수학이라는 학문이

> 수학은 하나 더하기 하나는 둘이라는 기계적 연산보다 셋이 될 수도 있고 넷을 만들 수도 있는 학문이다

앞으로 국가경쟁력과 개인의 역량을 발달시키는 데 핵심적인 역할을 할 것이란 사실을 잘 알고 교육제도의 전면적인 혁신을 꾀했다.

이제 수학은 스토리텔링이다

미국은 이미 수학의 선진국이다. 필즈상을 수상한 사람만 해도 열명이 넘는다. 그만큼 수학의 선진국이라고 자타가 공인하는 미국도 수학 교육의 체계와 내용을 바꾼 이유는 위기감 때문이었다. 미국은 더 이상 수학 선진국이니, 필즈상을 비롯해 노벨물리학상을 수상한 학자들의 나라이니 하는 체면 따위로는 미래를 보장할 수 없다는 현실적인 판단을 했다.

지난 1990년대부터 미국은 미국과학재단에서 과학과 기술, 공학, 수학을 통틀어 'STEM'이라는 개념을 고안하여 교육 현장에 적용했었다. 그러나 미국 청소년들의 학업성취도가 기대한 만큼 오르지 않고 점점 낮아지는 추세가 계속 이어졌다. 2003년에 OECD에서 학업성취도를 평가하는 PISA에서 미국의 청소년들은 다른 선진국의 학생들보다 수학과 과학에서 아주 낮은 성적을 기록하자 좀 더 폭 넓은 사고력과 창의성을 키워야 한다는 지적이 나왔고, 이에 따라 예술 분야를 추가하여 STEAM 교육을 확립한 것이다.

> 스팀형 교육은 여러 학문의 경계를 넘나들며 통합형 교육을 하겠다는 내용을 골자로 한다

STEAM이란 과학(Science), 기술(Technology), 공학(Engineering), 예술

(Arts), 수학(Mathematics)의 첫머리를 딴 용어이다. 과학을 비롯한 네 가지의 분야의 융합을 통해 수학적 사고능력과 창의성을 키우자는 의도로 교육과정을 개편한 것이다. 스팀형 교육은 비단 과학과 기술, 공학, 예술, 수학뿐만 아니라 여러 학문의 경계를 넘나들며 특정 주제, 혹은 특정 과제를 중심으로 통합형 교육을 하겠다는 내용을 골자로 한다. 이런 교육의 효과는 실생활에서 분야를 막론하고 스며들어 있는 수학적 개념과 원리를 찾아내고 이해하는 과정에서 세상을 좀 더 폭넓고 깊게 이해하는 능력을 키우는 것으로 나타난다.

> 미국의 청소년들은 스팀형 교육이 도입된 후에 학습의 재미를 느끼며 학업성취도가 올랐다

　딱딱한 수학 공식을 외우고 문제를 푸는 따분함에 지친 미국의 청소년들은 스팀형 교육이 도입된 후에 학습의 재미를 느끼며 학업성취도가 올랐다고 한다. 이 과정에서 미국은 새로운 교육 시스템의 도입을 결정하자 아주 발 빠르게 움직였다. 교육은 백년지대계(百年之大計)라는 말처럼 당장의 현실보다 미래를 위해 신중하고 치밀하게 준비해야 한다. 그러나 미국은 스팀형 교육의 도입을 결정하자, 몇십 년에 걸쳐 지루하게 이루어지는 교육 개혁을 마치 전광석화처럼 실천해 수학 교육 혁명을 이루어냈다.

　미국은 스팀형 수학 교육의 도입에 따라 수학 교과서를 확 바꾸었고, 평가방식도 정부가 교육개편안을 발표한 지 한 달 만에 시행했다. 4개의 보기 중에서 답을 고르는 방식이 아니라 배운 내용을 실생활에서 어떻게 활용할 수 있는지를 묻는 서술 및 논술형 평가를 시행한 것이다. 사지선다형의 문제를 앞에 두고 볼펜을 굴리는 것보다 자신이 아는 범위 내에서 생각을 정리하고 주장을 펼칠 수 있도록 유도하는

스팀형 교육은 미국에서 큰 성과를 거두고 있다.

미국의 교육 전문가들은 수학을 숫자로만 이루어진 문제가 아니라 사회에서 소통을 하는 언어로 인식한다. 그래서 창의성이 가미된 수학은 논술형의 서술로 자신의 생각을 밝힐 수 있게 되었는데, 대학은 이것을 입시의 기준으로 삼고 있다. 이러한 미국의 수학 교육 혁명은 이제 전 세계에서 하나의 대세가 되었다.

우리나라도 이미 수학 평가에서 일부를 서술형으로 평가하고 있고, 입학사정관제를 도입하면서 수학 논술과 면접 등을 실시하고 있다. 유럽에서도 지난 2004년에 EU에서 융합기술이야말로 유럽의 지식사회를 더욱 발전시킬 수 있다면서, 미국과학재단이 2002년에 발표한 미래의 인간수행능력을 위한 융합기술인 '나노과학기술' '생명과학기술' '정보과학기술' '인지과학기술'에 인문사회과학을 더해서 융합형 교육에 박차를 가하고 있다.

그런데 과학과 기술, 공학과 수학에 예술까지 버무린 교육이 효과적이라고 해도 재미가 없으면 학생들은 공부에 흥미를 잃을 수밖에 없다. 스마트폰이 아무리 유용한 기기라고 해도 사용방법이 어려워서 흥미를 잃으면 그저 휴대전화기에 불과한 것처럼 말이다.

> 스팀형 교육은 과학과 기술, 수학 등을 중심으로 세상의 모든 현상을 바라보고 해석하는 힘을 길러준다

스팀형 교육은 과학과 기술, 수학 등을 중심으로 세상의 모든 현상을 바라보고 해석하는 힘을 길러준다는 것에 목적이 있다. 개별 과목에 빠져 나무만 바라보는 게 아니라 숲 전체를 바라볼 줄 하는 혜안을 기르려면 보다 폭 넓은 공부를 해야 한다.

그런데 폭 넓은 공부가 아이들에게 공부의 양이 더 늘어났다는 것으로 받아들여지면 어떻게 되겠는가? 지금도 공부할 것은 산처럼 쌓여 짜증이 나는데, 더 많은 양의 공부를 해야 하니 미간이 찌푸려질 수밖에 없다.

스팀형 수학 교육은 단지 학문 간의 결합과 연계를 기계적으로 적용하는 것이 전부가 아니다. 아이들이 새로운 수학 교육에 적응하는 것은 흥미로부터 출발해야 한다. 즉 무조건 재미가 있어야 한다는 것이다. 그래서 등장한 것이 스토리텔링이다.

좀 더 쉽고 재미있게 실생활과의 연계를 위해. 스토리텔링 스팀형 수학의 특징이다

스토리텔링은 '스토리(Story)'와 '텔링(Telling)'의 합성어로, 상대방에게 나의 주장을 알릴 때 재미있는 이야기의 형식으로 전달하는 것을 뜻한다. 제아무리 옳은 주장이라고 해도 딱딱하고 무미건조한 논리로 전달하는 것보다 생생한 이야기로 만들어 전달하면 설득력은 더욱 커진다. 그래서 스팀형 교육이 아이들에게 좀 더 쉽고 재미있게 전달되고, 그 교육의 목적인 실생활과의 연계를 위해 일상에서 접할 수 있는 스토리의 구조를 활용한 것이다. 이런 교육의 방식을 더해 '스토리텔링 스팀형 수학'이라고 부르는 것이다.

요즘 우리가 살고 있는 사회를 지식정보화 사회라고 부른다. 지식정보화 사회에서 성공한 리더를 살펴보면 수학적 사고능력이 뒷받침되지 않는 이를 찾아보기 힘들다. 그런데 아직도 고등학생의 절반 이상이 이른바 '수포자', 즉 수학 포기자라고 하니 안타깝다. 수학을 포기하면 대학 입시뿐만 아니라 나중에 사회에 진출했을 때도 실패자의 삶

에 더 가까워질 수 있기 때문이다.

이제는 생각을 달리 할 필요가 있다. 스토리텔링이 가미된 수학 공부를 통해 수학적인 커뮤니케이션이 강화되는 교육의 도입으로 우리 아이들이 다시 수학에 흥미를 가질 수 있는 기회가 열렸다. 새로운 수학 교육 방식은 수학의 개념과 원리를 단지 외워두기만 하고 연산능력만 따지는 평가의 압박에서 벗어나 스스로 설명하고 문제해결의 과정을 찾아가는 재미를 느낄 수 있도록 한다. 또한 자신의 생각을 친구들과 함께 토론하는 과정에서 수학적 커뮤니케이션의 능력은 한층 더 커질 수 있다.

수학이
곧 스토리텔링이다

수학은 하늘에서 뚝 떨어진 공식으로 이루어진 학문이 아니다. 수학을 원체 싫어하는 학생들은 숫자와 공식만 보고도 현기증을 느끼지만, 앞으로 수학의 세계를 들여다보면 생각이 달라질 것이다.

수학은 지루한 학자들이 골방에 처박혀 공식만을 증명하고, 어려운 문제를 풀어 발달한 학문이라고 오해하는 사람들이 의외로 많다. 지금은 웬만한 수학적 이치가 정립되어 교과서와 문제집에 공식으로 정리돼서 문제만 풀면 되다보니 이런 착각을 하는 것이다. 그러나 수학 공식은 그렇게 지루하게 태어나지 않았다. 하나의 공식이 만들어지는 과정은 세상에 대한 호기심을 풀어가는 과정이었다. 뉴턴의 만유인력을 설명하는 공식이나 피타고라스의 황금비율도 사실은 세상에 대한 관찰에서부터 시작되었다.

또한 수학은 인류의 역사와 함께한다. 고대의 유물을 보면, 기초적인 산술이나 각종 기하학의 지식들을 발견할 수 있다. 물건을 교환하고 생산물을 정리하려면 더하고 빼기를 할 수밖에 없었을 테니 수학의 역사는 곧 인류의 역사와 함께했다고 해도 과언이 아니다. 그리고 문명이 발달하면서 경제 분야뿐만 아니라 전쟁과 과학, 철학 등 모든 분야에서 수학은 빠지지 않고 핵심적인 기능을 발휘했다.

수학을 지배하는 자는 곧 세상을 지배했다. 고대 이집트의 피라미드나 중국의 치수(治水) 등 인류사에 커다란 흔적을 남긴 성과의 이면에는 수학의 원리가 숨어 있다. 그리고 이 수학의 원리를 실현시키는 자들은 대개 당시의 지도층이었다.

피라미드는 단순한 건축물이 아니다. 이집트의 왕이 죽음을 맞이한 이후에도 권력을 행사하겠다는 강력한 왕권을 상징하는 거대한 건축물이었다. 이런 의미를 많은 사람들에게 상징적으로 보여주기 위해 기하학의 지식을 총동원해서 지은 것이다. 중국의 대규모 치수 정책도 왕조의 흥망과 함께한 수학의 역사였다. 이렇듯 수학은 인류사의 모든 분야에 영향을 끼치며 함께 발전해왔다.

피타고라스를 만나다

기원전 6세기 무렵에 태어난 피타고라스(Pythagoras)는 수학 공부를 시작한 아이들에게도 익숙한 이름이다. 수천 년이 지난 인물 중에서 이렇게 많은 사람들과 교감을 나누는 이는 아마도 드물 것이다. 유복한 상인의 아들로 태어난 피타고라스는 어릴 때부터 음악과 운동, 철학 등 모든 분야에서 교육을 받았다. 그리고 고대 그리스의 올림픽에 나가서 현대 복싱과 유사한 판크라티온 경기의 우승자가 될 정도로 '엄친아'의 조건을 갖췄다고 한다.

피타고라스는 기하학과 천문학에 능통한 자연철학자인 탈레스(Thales)를 만난 뒤부터 이집트로 유학을 떠나고, 그곳에서 기하학과 천문학을 배운다. 그리고 그는 이집트와 메소포타미아 문명을 체험한 경험과 학문적 성취를 바탕으로 피타고라스학파를 세운다. 만물의 근원을 수(數)로 본 그는 자신이 좋아하는 음악마저도 음정이 수의 비례로 이루어진다고 보고 음악을 수학의 한 분야로 파악했다고 한다.

수를 중심으로 세상을 바라본 피타고라스는 자신의 수학적 세계관을 가지고 정치에도 참여했다. 그래서 중요한 직책도 맡아서 도시국가의 운영에도 참여했는데, 그와 제자들은 전쟁에서도 탁월한 성과를 거두었다고 한다. 수학적 원리를 정치와 전쟁에 접목시켜 자신의 이론을 실현시켰던 것이다. 피타고라스는 우리가 익히 알고 있는 '피타고라스의 정리'와 황금비율 등을 밝혀내 플라톤(Plato)과 유클리드(Euclid)까지 많은 영향을 주었다.

피타고라스를 비롯한 고대의 수학은 중세와 근대를 거쳐 점점 더 많은 공식과 수학적 증명을 세상에 내놓았다. 특히 르네상스 시대를 거치면서 수학은 과학적 발견에 결정적인 영향력을 발휘하면서 엄청난 발전을 이루게 된다. 그때까지 유럽은 이슬람의 수학 체계보다 뒤떨어져 있었다. 하지만 아라비아 수의 도입과 유럽 문명의 확장이 결합하

수학의 역사를 보면
동양과 서양의 수학이
어떻게 발달했는지
알 수 있다

면서 방정식의 진화가 이루어졌다. 이러한 성과는 물리학의 발전과 인쇄술, 항해술 등 유럽 문명이 전 세계를 지배할 수 있는 기초가 된 것이다. 수학과 문명은 톱니바퀴가 맞물려 굴러가며 상호작용을 거듭했다. 수학의 성취가 이루어지면, 곧바로 문명의 발전으로 이어졌다. 그리고 문명이 발전할수록 수학의 연구 성과가 더욱 커졌다.

수학의 역사를 살펴보면, 동양과 서양의 수학이 어떻게 발달했는지, 그리고 이 두 문화권의 수학이 만날 수 있었던 것은 무엇 때문이었는지를 알 수 있다. 이는 단지 수학의 교류에서 그치지 않고, 각각의 문명권의 발달과 교류 등을 알 수 있는 역사적 혜안도 함께 얻을 수 있게 한다.

수학의 역사를 이야기하면, 위에서 간략하게 소개한 것처럼 주로 서양의 것이 중심이 되었다. 그러나 원주율만 보더라도 동양 수학이 서양보다 천 년이나 앞서 있는 경우도 있다. 서양과 동양의 수학은 이슬람권이라는 연결고리를 통해 만나면서 꽃을 피웠고, 로그, 미적분, 유클리드, 페르마 정리 등 지적 호기심을 자극하는 수학적 증명을 하나씩 밝혀내며 인류사에 많은 도움을 주고 있다.

수학의 각종 증명과 주제는
세상에 대한 관심과
호기심에서 시작되었다

수학의 각종 증명과 주제는 세상에 대한 관심과 호기심에서 시작되었다. 그런 만큼, 수학의 각종 명제와 관련해서도 무수한 에피소드가 있다. '페르마 정리'도 드라마와 같은 스토리를 담고 있다. 페르마의 정리는 17세기의 프랑스 툴루즈 지방에서 법관으로 있던 페르마가 남긴 짧은 메모로부터 유래됐다.

페르마(Pierre de Fermat)는 법관의 신분으로 수학을 즐기는 사람이었다. 단지 취미 생활로 미적분과 같은 수학 문제를 풀던 그는 어느 날, '3차 이상의 제곱수를 같은 차수의 제곱수의 합으로 나타내는 것은 불가능하다'는 정리를 메모로 남겼다. 그런데 '나는 이것과 관련해서 경이로운 증명을 발견했다. 하지만 여백이 충분치 않아 적어놓을 수 없다'는 사족을 함께 남겨놓았다. 이 메모가 발견되자 많은 수학자들은 골머리를 앓아야만 했다. 그가 남긴 마지막 정리인 '$x^n + y^n \neq z^n$(단 n은 2보다 큰 자연수)'는 350여 년의 세월 동안 풀지 못한 숙제가 되고 말았던 것이다.

페르마의 마지막 정리는 한 소년의 결심으로 오랜 세월의 종지부를 찍게 됐다. 나이가 열 살에 불과했던 한 소년은 도서관에서 페르마의 정리를 보게 된다. 그리고 자신이 그 정리를 풀어보겠다는 결심을 했다. 그 결심이 그를 수학자의 삶으로 이끌었고, 30여 년의 세월을 매달리게 한다.

"이제 페르마의 정리는 증명됐습니다."

열 살 때 처음 접한 페리마의 정리를 푼 사람은 앤드류 와일즈(Andrew John Wiles)라는 수학자였다. 그는 1993년에 미궁에 빠져 있던 페르마의 정리를 풀었다고 공식적으로 선언했다. 하지만 다 푼 게 아니었다. 그의 증명은 오류가 있었던 것이다. 그래서 앤드류 와일즈는 다시 그 오류를 바로 잡기 위해 두문불출했다. 그리고 일 년 뒤에 오류를 바로 잡은 증명을 내놓고 수학계에서 공식적인 인정을 받는다. 한 아마추어 수학 연구가가 남긴 메모로 시작한 미스터리는 열 살배기의 소년이 자신의 인생을 걸 만한 꿈의 동기부여가 됐다. 페르마의 정리는 한 사람의 인생과 겹쳐져 수학사에 뚜렷한 족적을 남겼다.

이것말고도 수학의 공식과 개념에 숨어 있는 스토리는 무궁무진하다. 사람들은 뭔가 제대로 된 실체를 알려면 신문의 행간을 읽으라거나, 혹은 단편적인 사실보다 전체의 맥락을 알면 이해하기가 더 쉽다는 말을 하곤 한다. 수학의 개념과 공식도 마찬가지이다. 단순히 영어 단어를 암기하듯 달달 외우는 것보다 원리 속에 숨어 있는 이야기를 알게 됐을 때, 해당 명제에 대해 좀 더 이해를 할 수 있을 것이다. 만유인력의 이야기를 할 때, 단순히 공식을 외우라고 하는 것보다 앞에서 이야기한 것처럼 뉴턴의 일화와 사과나무를 지나치며 골몰했던 그의 모습을 상상할 수 있으면 더 낫지 않을까?

지금 교육과학기술부가 내놓은 수학 교육의 개편도 공부해야 할 단원에 대한 배경과 어떻게 만들어졌는지, 그리고 이 단원의 내용이 실생활에서 어떻게 활용되는지를 알려준다고 한다. 그래서 이제는 문제와 답으로만 구성된 문제집이 아니라 수학의 흥미로운 이야기가 가득한 책을 읽는 것이 수학의 기본을 닦는 방법이라 할 수 있다.

수학,
통합형 교육으로 바뀌다

2013년부터 우리나라의 수학 교육과정이 바뀐다. 지금까지 기계적 연산을 잘하는 학생이 수학의 인재라고 생각했던 기준이 확 바뀌는 것이다. 기계적 연산만으로는 세상을 주도할 수 있을 만한 창의적인 인물을 배출하기 힘들다는 생각에 교육과학기술부도 수학 교육의 변화를 꾀할 수밖에 없었던 것이다.

그렇다면 창의성을 키울 수 있는 수학 교육이란 과연 뭘까?

앞서 스토리텔링 스팀형 수학을 소개한 것처럼 여러 학문을 오가며 사고능력을 좀 더 다양하고 풍부하게 갖추라는 것인데, 이게 말처럼 쉬운 일이 아니다. 단기속성 학원에 가서 배울 수 있는 것은 더욱 아니다. 아직까지 우리나의 교육방식은 촘촘하게 짠 설계방식보다 이게 유행이다, 저게 유행이다 하면 그대로 받아들이기에 급급한 현실이다. 그래서 상위권의 학생이나 중·하위권 학생이나 공부의 패턴을 보면,

창의성과는 거리가 멀다.

예컨대, 창의성을 일상에서 키우려면 토론만큼 좋은 게 없다. 하지만 우리 학교 현장에서 토론은 제대로 이루어지지 않는다. 그나마 있는 토론도 미리 준비한 답을 가지고 이야기하는 경우가 많다. 창의적인 토론이 되는 경우를 찾아보기가 힘들다. 물론 요즘 유치원 아이들부터 조금씩 이런 창의적 토론을 한다는 이야기를 들었다. 그러나 내가 만난 학생들은 상위권 학생일지라도 다양한 분야를 용광로에 녹여 쇳물을 만드는 것과 같은 융합과는 다소 거리가 멀다.

> 바뀌는 교과과정에서
> 수학적 사고력을 발휘하려면
> 다양한 분야의 지식을
> 배워야 한다

새로 바뀌는 교과과정에 따르면, 수학에서 성적을 올리는 것뿐만 아니라 다른 과목에서 수학적 사고능력을 발휘하려면 다양한 분야의 지식을 배워야 한다. 그런데 수학과 다른 과목을 연결시키는 습관이 안 되어 있는 학생들과 부모들로서는 당황스러울 수 있다.

"아니, 이 문제가 어떻게 수학이야?"

"이게 수학이었단 말이야? 사회 문제 아니었어?"

융합적 지식을 요구하는 문제를 받아본 학생들과 부모들의 첫 반응은 대개 이처럼 당혹스러움이다. 수학은 그저 수학일 뿐이지, 수학이 다른 과목과 무슨 상관이냐고 반문하기도 한다. 그러나 사회 분야에만 하더라도 수학적 요소는 무수히 많이 담겨져 있다. 선거와 투표, 선거구 획정, 수요와 공급 등 정치와 경제에서 수학 원리는 방정식, 함수와 그래프, 확률, 자료의 해석, 미적분, 행렬 등 매우 다양하다. 이런 수학적 기초가 없으면 해당 내용을 쉽게 이해할 수 없다.

60년 만에 수학 교과서가 바뀌다

지난 2011년 여름에 교육과학기술부는 수학 교육 개선 대책을 내놓았다. 학생들의 창의력을 키우기 위해 추론과 문제해결, 의사소통 등 '수학적 과정'을 강화시킨다는 내용이었다. 그리고 수학적 과정을 실제로 수업 시간에서 경험할 수 있도록 하기 위해 수업의 진행 방식도 바꾼다고 한다. 제아무리 좋은 취지의 제도를 만들어도 정작 현장에서 제대로 실현할 수 있는 환경을 만들지 않으면 말짱 도루묵이 되니 학교 수업의 방식도 함께 바꾸는 것이다. 수학적 과정은 단순히 문제를 푸는 것이 아니고 추론과 문제해결의 단계를 거쳐야 하기 때문에 수업 중에 이해하고 생각할 수 있는 여유시간을 확보해야 한다. 따라서 교육과학기술부는 학습량의 20퍼센트를 줄이겠다고 했다.

> 교육과학기술부는 학습량의 20퍼센트를 줄이겠다고 했다

교육과학기술부가 내놓은 수학 교육의 개선 대책은 2012년도 '수학교육 선진화 방안'으로 발표됐다. 그리고 새로운 수학 교육이 기대하는 바가 창의성을 키우고 일상에서 쉽게 적용할 수 있는 수학임을 밝혔다.

"생각하는 힘을 키우는 수학"
"쉽고 재미있게 배우는 수학"

교육과학기술부가 밝힌 새로운 수학 교육의 기본방향은 이렇듯 크게 두 가지로 요약된다.

먼저 '생각하는 힘을 키우는 수학'에 대해 알아보자.

수학을 다른 과목과 통합하여 학습하는 '통합교수학습'을 하면 정치 · 경제 · 음악 · 미술 등 주변의 다양한 분야에 스며들어 있는 수학적 개념과 원리를 찾아내고 이해할 수 있다. 이런 학습방식을 통해 수학이 실생활에서 얼마나 도움이 되는지를 자연스럽게 알 수 있고, 한 가지 현상을 보더라도 수학을 비롯한 여러 분야의 지식을 활용한 시각으로 실생활에서 문제해결능력을 키울 수 있다.

통합교수학습 대상 과목은 사회 · 음악 · 미술 · 체육 등이다. 과학과 기술은 융합인재교육인 STEAM과의 연계를 통해 창의적인 과학기술 인재를 길러내겠다고 한다. 그럼 통합교수학습 대상 과목의 예를 한번 살펴보자.

통합교수학습 대상 과목 및 내용(예시)

대상 과목	주요 내용	관련 수학적 내용
사회	선거와 투표, 선거구 획정, 수요와 공급 등 정치 · 경제 관련 제도와 이론 속의 수학 원리 탐구	방정식, 함수의 그래프, 확률, 자료의 해석, 미적분, 행렬 등
음악	음정, 리듬 속에 숨어 있는 수학 원리 탐구	수열, 수(ex: 평균율), 통계
미술	선, 면, 구도 등 미술적 표현기법 속의 원리 탐구	원근, 닮음(ex: 프랙탈), 비례(ex: 프랙탈), 대칭 등
체육	각종 스포츠 기구, 경기장, 대진표 속에 숨어 있는 수학 원리 탐구	도형의 성질, 확률, 통계, 측정(ex: 단위, 시간) 등

※ 과학 기술 과목의 경우 융합인재교육(STEAM)과 연계하여 추진

사회는 앞서 언급한 대로, 선거와 투표, 선거구 획정, 수요와 공급 등 정치와 경제 관련 제도와 이론 속의 수학 원리를 탐구한다는 것이

목표이다. 이와 관련한 수학적 내용은 방정식, 함수의 그래프, 확률, 자료의 해석, 미적분, 행렬 등이다.

다음은 한국과학창의재단이 초등학교 평가혁신 예시 문항으로 제시한 수학에서의 듣기 문항이다.

'오늘은 창규네 반의 학급임원 선거일입니다. 학급임원 선거가 시작되자 선생님께서는 학급회장에 출마하고 싶은 사람은 손을 들라고 하셨습니다. 손을 든 사람은 모두 3명이었습니다. 현서가 먼저 손을 들었고, 이어서 미주와 소희가 손을 들었습니다. 선생님은 칠판에 이름을 적으시고는, 소견 발표 순서를 어떻게 정하면 좋을지 물으셨습니다.

"소희, 현서, 미주 순서대로 해요."

"아니에요, 현서가 가장 먼저 손을 들었으니 먼저 해야 해요."

우리 반 친구들은 저마다 좋아하는 친구가 먼저 소견 발표를 했으면 좋겠다고 하였습니다. 교실이 시끄러워지자 선생님께서는 다음과 같이 말씀하셨습니다.

"이래선 안 되겠다. 순서에 따라 소견 발표를 하는 방법을 모두 구한 다음, 그 중 한 가지 경우를 정하도록 하자."

자칭 우리 반 수학박사인 경래가 다음과 같이 말했습니다.

"한 명이 먼저 발표할 때마다 2가지 경우가 있고, 소견 발표를 하는 친구는 모두 3명이니까 방법은 2+3=5, 따라서 모두 5가지입니다."

창규와 친구들은 고개를 갸웃거렸습니다.

(1) 회장 선거에 출마한 사람은 몇 명이고, 누구입니까?

(2) 경래가 계산한 방법 중 잘못된 부분을 찾아 고쳐 쓰시오.

(3) 소견 발표를 하는 순서를 모두 적으시오.

음악은 음정과 리듬 속에 숨어 있는 수학적 원리를 탐구한다. 수열과 평균율과 같은 수, 통계 등이 관련된 수학적 내용이다. 미술은 선, 면, 구도 등 미술의 표현기법에 담긴 수학 원리를 찾는 것이다. 원근이나 닮음, 비례, 대칭 등이 미술 작품의 곳곳에 숨어 있다. 야외에서 몸을 많이 움직여야 하는 체육도 수학의 원리를 찾을 수 있다. 여러 종목에서 사용하는 스포츠 기구, 경기장의 형태, 대진표 등에서 도형의 성질과 확률, 통계, 측정 등 수학적 요소를 발견할 수 있다. 이중에서 음악과 수학의 통합교수학습 사례를 살펴보자.

'도' 소리가 나는 음을 2/3 잘랐더니, 음이 4음 올라간 '솔' 소리가 났다. 1/2을 남기고 자르면 한 옥타브가 올라간 '도' 소리가 났다.

(1) '도' 소리가 나는 현의 길이가 9일 때, 한 옥타브가 올라간 '레' 소리가 날 때 현의 길이는?

(2) '도' 소리의 현을 가지고 한 옥타브 위에 있는 도레미파솔라시의 소리를 내는 것이 가능한가? 원리와 순서를 말하시오.

새로운 수학 교육은 이처럼 다양한 과목과의 연계를 통해 통합적인 지식과 창의성을 발휘하라고 요구한다. 이제 수학 성적을 좋게 받으려면 수학 말고도 다른 과목, 다양한 지식을 함께 공부해야만 한다.

수학 성적을 잘 받으려면 수학 말고도 다른 과목, 다양한 지식을 함께 공부해야 한다

그런데 수학은 이미 많이 어려워서 공식을 외우고 문제를 풀기 바쁜데, 어떻게 다른 과목까지 염두에 두고 공부를 하느냐고 반문

을 할 수 있다. 그래서 쉽게 이해하고 재미있게 공부를 할 수 있는 수학으로 바꾼다는 것이다. 우선 미국처럼 수업이나 시험 시간에 계산기를 도입한다. 실제로 계산 능력을 좀 더 키우기 위한 것이 아니므로, 복잡한 계산을 해야 할 때 계산기를 쓸 수 있도록 한다는 것이다. 또한 수학의 개념과 원리, 법칙의 이해 등을 위해서는 계산기와 컴퓨터뿐만 아니라 교육용 소프트웨어와 같은 공학적 도구와 다양한 교구의 사용을 장려한다.

계산기와 같은 도구를 도입한다는 이야기에 많은 사람들이 우려를 나타내고 있다. 머리를 써가며 계산하지 않고 계산기에만 의존하면 오히려 연산능력이 떨어지고 두뇌 발달에 방해가 된다고 걱정을 하는 것이다. 모름지기 계산은 암산을 빨리, 정확하게 하는 것이라며 학생들을 둔재로 만든다고 비판을 하는 사람들도 있다.

> 계산에 매몰되기보다 문제를 어떻게 해결할 것인가 집중하는 것이 낫다

그러나 통합적인 사고력을 키우고 가급적 입체적인 생각을 할 수 있다면 계산에 매몰되기보다 문제를 어떻게 해결할 것인가에 집중하는 것이 낫다. 예를 들어 서울타워에서 가시거리를 구해보라고 했을 때, 크고 복잡한 숫자를 가지고 암산에 쩔쩔 매기보다 계산기를 가지고 거리를 구해놓고 현실적이고 생생한 숫자 감각을 빨리 익히는 것이 더 실용적이라는 것이다.

공학적 도구를 수업 시간에 활용하면, 함수 그래프의 생성이나 변화, 도형의 회전과 이동 등 다채롭고 입체적인 교수 학습이 가능해지기 때문에 수학에 대한 이해가 빠르고 수학의 아름다움마저 체감할 수 있다. 또한 그동안 복잡한 숫자와 과정 때문에 생략됐던 특정

주제에 대한 탐구가 가능해진다. 삼각비의 다양한 각도, 순환소수 (2/11=0.181818…), 경우의 수 시뮬레이션 등이 가능해져 수학의 학습 범위가 지금보다 더 확장된다.

> 교과과정의 변화는 창의성과 거리가 멀었던 수학 교육의 관행을 바꿀 수 있는 계기이다

교육과학기술부에서 발표한 수학 교육 선진화 방안은 고등학교 1학년 과정의 개편 내용만 보더라도 많은 변화를 예고하고 있다. 현재 고등학교 1학년이 배우는 '수학 상·하'를 '수학1'로 이름이 바뀌고, 원래의 교과과정도 대략 1/3이 조정된다. '집합과 명제' '실수 체계' '약수와 배수' '유리식과 무리식' '삼각함수' '순열과 조합' 등의 단원이 '수학2'로 옮겨지고 복소수와 이차부등식처럼 심화문제가 없어진다.

이런 교과과정의 변화는 그동안 너무 선행학습에 매달리고 심화문제 풀이에 빠져 창의성과 거리가 멀었던 수학 교육의 관행을 바꿀 수 있는 계기가 될 것이다.

수학 교육의 커다란 변화는 책상 위에서 문제집만 풀던 학습 방식도 바뀌게 했다. 수학을 공부하면서도 다양한 체험과 탐구 활동이 장려될 예정이다. 초등학교에서는 각종 교구를 활용한 체험과 놀이를 중심으로 하는 수학 교육이 될 것이다. 중학교와 고등학교에서도 여러 가지 공학적 도구를 이용해서 탐구활동과 놀이를 하는 수학 교실이 만들어진다. 수학과 체험, 수학과 탐험이라고 하니 왠지 어울리지 않는 조합으로 보이지만, 스토리텔링 스팀형 교육의 환경에서는 이러한 체험과 탐구 활동이야말로 수학적 사고능력을 키워줄 수 있는 가장 좋은 학습 형태로 주목받고 있다.

수학을 체험할 수 있는 놀이는 많다. 각종 보드게임도 수학의 원리가 들어 있다. 그리고 '수학신문'이나 '수학탐구보고서' 등도 수학 체험 활동을 단순히 경험으로 그치는 게 아니라 사고능력을 발휘하여 자신의 지식으로 흡수할 수 있도록 할 것이다.

수학 교과서의 변화는 '60년 만의 대변혁'이라고 말할 만큼 교육 현장에 많은 변화를 예고한다. 단순한 교과개편이 아니라 가르치고 배우는 방식의 룰 자체가 바뀌는 것이다. 선생님이 칠판 가득히 채우면 학생은 노트에 베껴 쓰거나, 칠판 앞으로 나와서 열심히 문제를 풀어야 하는 모습은 점점 사라질 것이다. 그보다 한 명제를 두고 수학과 사회, 음악, 미술 등의 다양한 분야에서 배운 지식을 활용하여 창의적인 토론을 하는 모습이 점차 더 많아질 것이다.

단순한 교과개편이 아니라 가르치고 배우는 방식의 룰 자체가 바뀌는 것이다

스토리텔링 구조 및 내용 예시

초등 16개 콘텐츠

순번	학번	관련단원(대단원–중단원)	콘텐츠 제목
1	5-1	1. 약수와 배수	60갑자와 바코드에 숨겨진 수학 : 약수와 배수
2	5-1	2. 약분과 통분	분수의 변시은 무죄 : 약분과 통분
3	5-1	5. 도형의 합동	무엇이 무엇이 똑같을까?
4	5-1	8. 여러 가지 단위	세상을 재는 잣대, 단위
5	5-2	1. 분수와 소수	생활 속에 숨겨진 모습 : 분수와 소수
6	5-2	3. 대칭(선대칭, 점대칭)	아름다움의 미학, 대칭도형 : 선대칭도형, 점대칭도형
7	5-2	6. 자료의 표현과 해석	통계와 그래프로 세상 읽기 : 자료의 표현과 해석
8	5-2	6. 자료의 표현과 해석–평균	자료의 표현과 해석 : 그래프와 평균
9	6-1	5. 원주율과 원의 넓이(원주율)	원주율, 너 어디까지 가봤니?
10	6-1	5. 원주율과 원의 넓이와 부피	원주율의 활용
11	6-1	4. 여러 가지 입체도형	입체도형 세상 엿보기 : 각기둥과 각뿔
12	6-1	7. 비례식	보이지 않으면서도 소중한 것 : 비례식
13	6-2	3. 직육면체의 겉넓이와 부피	우리가 사는 세상을 재어볼까? : 도형의 넓이/겉넓이/부피
14	6-2	5. 경우의 수와 확률	내일 일어날 일에 대한 가능성을 계산해보자
15	6-2	6. 방정식	미지의 수를 찾아서
16	6-2	7. 정비례와 반비례	너를 따라 커질까? 작아질까? : 정비례와 반비례

중등 24개 콘텐츠

학년	관련단원(대단원-중단원)	콘텐츠 제목
중1	Ⅰ. 집합과 자연수 2. 자연수	불가사의한 곱셈, 거듭제곱
중1	Ⅰ. 집합과 자연수 2. 자연수	ONLY ONE, 소수
중1	Ⅰ. 집합과 자연수 2. 자연수	0과 1, 이진법의 세상
중1	Ⅲ. 문자와 식 2. 일차방정식	호기심의 수학, 방정식
중1	Ⅳ. 함수 1. 함수와 순서쌍	관계의 수학, 함수 1부 – 함수의 정의
중1	Ⅳ. 함수 2. 함수의 그래프와 활용	관계의 수학, 함수 2부 – 함수의 활용
중1	Ⅵ. 기본도형 2. 작도와 합동	고집스런 탐구의 위대한 결과, 작도
중1	Ⅶ. 평면도형 2. 원과 부채꼴	끝없는 신비, 파이 1부 – 원주율의 정의
중1	Ⅶ. 평면도형 2. 원과 부채꼴	끝없는 신비, 파이 2부 – 원주율의 활용
중1	Ⅷ. 입체도형 1. 입체도형의 성질	입체도형 세계의 5형제, 정다면체
중1	Ⅷ. 입체도형 1. 입체도형의 측정	생각으로 엮어낸 부피의 세계, 뿔의 부피
중2	Ⅳ. 부등식 2. 연립부등식	일정한 범위에서, 부등식
중2	Ⅵ. 확률 2. 확률의 계산	생활 속 확률의 진짜 의미
중2	Ⅶ. 도형의 성질 1. 삼각형의 성질	우리는 같은 거리에 있답니다! – 삼각형의 내심과 외심
중2	Ⅷ. 도형의 닮음 2. 닮음의 응용	확대와 축소의 원리, 닮음
중2	Ⅷ. 도형의 닮음 2. 닮음의 응용	삼각형의 무게중심
중2	Ⅷ. 도형의 닮음 2. 닮음의 응용	만나지 않는 직선, 평행선
중3	Ⅰ. 수와 연산 1. 제곱근과 실수	끝없는 수의 세계, 무리수
중3	Ⅱ. 식의 계산 1. 인수분해	다항식을 분해하라, 인수분해
중3	Ⅳ. 이차함수	빛을 모아라, 포물선 – 이차함수의 활용
중3	Ⅴ. 통계 1. 대푯값과 산포도	스포츠와 통계
중3	Ⅵ. 피타고라스 정리 1. 피타고라스의 정리	피타고라스 정리 1부 – 원리
중3	Ⅵ. 피타고라스 정리 2. 피타고라스의 정리의 활용	피타고라스 정리 2부 – 활용
중3	Ⅶ. 삼각비 2. 삼각비의 활용	하늘을 그리는 비율, 삼각비

내신과 성취평가제, 무엇이 바뀔까?

2014년부터 내신은 현재 9등급의 상대평가에서 6등급의 절대평가로 바뀐다

수시 모집이 점점 늘어나는 추세에서 내신은 어떤 의미일까? 혹자는 수시전형의 특성 때문에 내신의 중요성은 갈수록 줄어들 것이라고 성급히 추측하기도 한다. 그러나 내신의 중요성은 절대 줄어들지 않는다. 특히 2014년부터 내신은 현재 9등급의 상대평가에서 6등급의 절대평가로 바뀐다. 그러나 명문대에 입학하려면 최상위 등급의 내신 성적을 받아야 한다. 그렇지 않고서는 경쟁의 출발선상에서부터 우승 가능성이 높은 안쪽 라인이 아닌 바깥쪽 라인을 배정받아야 하는 불리함을 떠안는다.

내신의 등급이 조정되면 최상위 등급을 받을 가능성이 높아졌으니 안심이라고 생각하는 학부모나 학생들도 있을 것이다. 그러나 이는 오산이다. 그만큼 아래 등급으로 떨어질 가능성도 높을뿐더러, 한번 떨

어지면 회복하기가 힘들 수도 있다. 절대평가로 바뀌는 내신은 이렇듯 여전히 압박감을 준다. 그리고 교과목별로 성취기준과 평가기준이 어우러져 성취수준을 평가하는데, 이 또한 대학 입시의 마지막 관문을 통과하려면 평소에 꾸준히 내신 관리를 해야만 한다.

아래 등급으로 떨어질 가능성도 높을뿐더러, 한번 떨어지면 회복하기가 힘들 수도 있다

수시 모집과 입학사정관제 등 부모 세대들이 겪어보지 못한 입시의 흐름에서 내신은 더욱 중요해지고 있다. 고등학교 3년 동안 남긴 내신 성적은 해당 학생의 포트폴리오이다. 3년 내내 내신을 등한시하다가 수능에서 승부를 걸겠다는 것은 이제는 소용없는 만용에 불과하다. 마치 프로야구 선수가 FA 취득을 앞두고 반짝 활약을 하겠다는 것이나 다름없다. 프로야구 선수는 구단에 소속되어 있다가 일정 기간이 지나면 자유계약선수가 되어 팀을 본인의 의지에 따라 선택할 수 있다. 9시즌 혹은 8시즌이라는 시간 동안 선수는 자신의 가치를 입증해야 한다. 그 긴 시간 동안 자신의 기량을 키우지 못하고 가치조차 보여주지 못한 선수가 단지 FA 자격이 되기 직전에 엄청난 활약을 했다고 해서 많은 돈을 주며 계약할 구단은 없다.

내신과 대학 입시도 마찬가지이다. 내신 성적이 엉망이라면 아무리 수능 성적이 고득점이라고 해도 경쟁에서 밀릴 수밖에 없다. 원서를 쓰면서 1, 2학년 때의 내신 성적에 한숨을 내쉬는 학생들이 의외로 많다. 자신의 포트폴리오를 관리하지 못하고 있다가 결정적인 순간에 발목이 잡히는 꼴이다. 수시 모집과 입학사정관제에서 내신은 가장 기본적인 측정

내신 성적이 엉망이라면 아무리 수능이 고득점이라고 해도 경쟁에서 밀릴 수밖에 없다

치가 된다.

즉 기본이 부실하다는 평가를 받으면 다른 어떤 활동을 내세우더라도 '진정성'에 대한 신뢰에 금이 갈 수 있다. 학생부에 고스란히 기록으로 남는 내신은 그 학생의 '기본적인 성향'을 파악할 수 있는 기록이기 때문이다.

성취평가제는 서술형과 과정탐색형으로

> 기본개념과 원리에 대해 충실하게 이해하고 있는지 묻는 평가가 수학 내신의 기준이 될 것이다

수학에서도 내신은 중요하다. 학생 평가에서 기본개념과 원리에 대해 충실하게 이해하고 있는지를 묻는 평가가 내신의 기준이 될 것이다. 그리고 교육과학기술부와 시, 도교육청에서는 공동으로 수학 교육과정 실태에 대해서 주기적으로 점검을 할 것이다. 그렇다면 수학 교육과정의 개편안에 따른 새로운 수업 방식이 현장에서 보다 철저하게 이루어질 수밖에 없다. 단지 문제집만 끼고 있으면서 벼락치기 방식의 내신 준비로는 기대하는 만큼의 내신 성적을 거둘 수 없을지도 모른다.

내신과 관련해서 교육과정을 벗어난 문제 출제 등은 그동안 교육과학기술부가 사교육 열풍을 불러일으키는 평가 풍토를 개선하겠다는 의지에 따라 실제로 학교 수업에 충실한 방향으로 바뀔 것이다. 지난 2011년에 사교육 실태를 조사한 결과를 보면, 고난이도 문제를 풀어내는 학생들이 의외로 기본원리와 개념을 묻는 문제에는 취약했다고 한다. 이런 현상이 벌어지는 이유는 학생들이 수학의 기초실력을 쌓기

보다는 문제풀이 훈련에 집중했기 때문이다. 이런 학생들은 수학적 사고능력을 일상에서 발휘하기가 힘들다. 문제풀이에만 익숙할 뿐이지, 그런 고차원적인 문제가 현실에서 어떻게 적용되는지를 이해하기에는 원리조차 제대로 설명할 수 없기 때문이다. 마치 전구 하나를 제대로 갈아 끼우지 못하는 과학자나 마찬가지다.

이제 평가 과정은 고난이도 문제를 척척 풀어내는 우등생보다 창의력의 개방형 문제와 문제해결, 의사소통이라는 수학적 과정에 능통한 학생들을 길러내겠다는 교육과학기술부의 의도가 담긴 평가로 바뀐다. 창의력 개방형 문제란 정답이 없는 문제이다. 즉, 답이 여러 개가 나올 수 있는 문제인데, 답안을 스스로 생성하고 창의적이며 논리적으로 설명하는 문제 유형이다. 이런 창의력 개방형 문제는 대기업 입사시험이나 대학 입시의 논술 문제에 출제되어 왔는데, 심화 문제보다는 이런 창의력 개방형 문제가 미래 인재가 갖춰야 할 핵심역량이라고 판단한 교육과학기술부는 초 · 중 · 고 수학 평가에도 창의력 개방형 문제를 출제하겠다는 것이다. 의사소통 능력 역시 미래 인재가 갖춰야 할 핵심역량이라고 정의한 교육과학기술부는 수학 평가에서도 말하기, 듣기, 쓰기, 읽기 문항을 도입하여 의사소통 능력을 키우겠다는 것이다. 창의성을 향상시킬 수 있도록 교육과정 성취기준과 평가기준, 그리고 이에 따른 다양한 평가 유형이 개발된다.

내신 절대평가는 '성취평가제'라는 이름으로 실시될 예정인데, 실생활과 연계되고 교과 통합형인 평가 내용이 서술형과 과정탐색형이라

창의력의 개방형 문제와 문제해결, 의사소통이라는 과정 평가로 바뀐다

'성취평가제'는 서술형과 과정탐색형이라는 방식으로 제시된다

는 방식으로 제시된다. 중학교는 2012년도부터 실시하고, 고등학교는 2014년도부터 실시할 예정이다.

성취평가제에서 성적 표기는 기존의 수 · 우 · 미 · 양 · 가 평가에서 A(90점 이상), B(80점 이상), C(70점 이상), D(60점 이상), E(50점 이상), F(40점 미만)로 바뀐다. 또한 '석차/재적 수'의 표기에서 석차가 빠지고 '성취도/재적 수'와 '원점수/과목 평균(표준점수)'으로 바뀐다. 예를 들어 기존에는 '1/300'은 300명의 학생 중에서 1등이라는 뜻이었다면, 앞으로는 'A/300'이라고 해서 300명 중에서 성취도가 A라고 표기된다. 그리고 '99/78(12)'라고 한다면, 99점의 원점수에 평균은 78점이고 표준편차는 12점이라는 뜻이다.

성취기준과 평가기준을 좀 더 살펴보자.

교육과학기술부는 성취기준을 교육과정에 제시된 목표에 따라 학생들이 성취해야 할 능력 혹은 특성이라고 밝혔다. 평가기준은 성취기준을 세분화하여 학생들이 성취한 정도를 몇 개의 수준으로 나눈다. 예컨대, 상 · 중 · 하로 구분하는 것이다.

그럼 성취기준과 평가기준이 실제로 어떻게 이루어지는지를 한번 보자. 성취기준이 만약 "점과 직선 사이의 거리를 구할 수 있다"라고 한다면, 평가기준은 다음과 같이 나눌 수 있다.

- **성취기준 : 점과 직선 사이의 거리를 구할 수 있다.**
- **평가기준**
  - 점과 직선 사이의 거리 공식을 활용해 문제를 해결할 수 있다. : 상
  - 점과 직선 사이의 거리의 뜻을 말할 수 있다. : 하

새로운 성취평가제는 학생들의 창의성을 길러주고 수학적 과정을 익힐 수 있도록 도움을 주기도 하지만, 우려의 요소도 있다. 과거의 절대평가 시절처럼 내신 부풀리기가 성행할 가능성이다. 일부러 시험을 쉽게 내서 학생들에게 성취도 A를 남발한다면 변별력에 커다란 불신을 가져올 수 있다. 이런 내신 부풀리기를 방지하기 위해 교육과학기술부에서는 학점 말고도 '원점수/과목평균(표준점수)' 등을 대학들이 참고하도록 할 예정이고, 국가 수준의 학업성취도 평가 결과도 있기 때문에 내신 부풀리기가 그리 효과가 없을 것이라고 한다.

또 한 가지 우려되는 것은 교육과학기술부가 제시하는 성취기준과 평가기준은 자율형사립고나 특수목적고와 같이 학력 수준이 높은 학생들의 경우에는 이 둘을 모두 충족시킬 수 있기 때문에 대부분 A의 성취도를 받을 가능성이 매우 높다. 그렇기 때문에 초등학교와 중학교에서 자사고나 특목고 열풍이 불 수 있다. 새로운 교과과정에 유리할 수 있는데, 굳이 자사고와 특목고를 외면할 이유가 없는 것이다. 이런 자사고와 특목고 열풍은 결국 대학 입시 결과에서도 그 인기의 순서가 자사고, 특목고, 자율고로 될 것이다.

> 대부분의 자사고에서 수학 원리와 개념을 물을 때 스토리텔링의 방식을 빌린 질문을 했다

그런데 특목고와 자사고 등이 다시 주목을 받으면서 수학에 대한 중요성도 함께 주목받고 있다. 면접과 구술이 강화될 수밖에 없는 학생 선발과정에서 수학 시험을 출제할 수 없다는 방침으로 질문 형식을 빌어 수학 원리를 얼마나 이해하는지를 측정하려고 할 것이다. 즉 면접의 합격 기준에서 수학이 차지하는 비중이 높을 수밖에 없다.

대부분의 자사고에서 수학의 원리와 개념을 면접에서 물을 때 단순

한 개념의 이해뿐만 아니라 스토리텔링의 방식을 빌린 질문을 했다. 이때 숫자로 말할 수 있는 답은 거의 없고, 설명을 하는 방식으로 답을 해야만 했다. 실제 면접에서 사용된 질문들은 다음과 같다.

- 원과 접선이 직각으로 만나는 이유는? (민사고)

- 수학의 아름다움이란 무엇이라 생각하나요? (하나고)

- 함수의 정의를 말하라. (하나고)

- 삼각함수에서 호도법 대신 60분법을 쓰는 이유를 설명하라. (하나고)

- 수학이 실생활에 활용되는 사례를 들어보라. (용인외고)

- 수학의 원리를 묻는 문제 (상산고)

이런 방식의 수학 능력 측정은 쉽게 바뀌지 않을 것이다. 즉 직접 수학 문제를 출제하는 것이 아니라 구술형의 측정이 앞으로도 계속될 전망이다. 내신에서 석차가 사라지면 명문대 입학의 결정적인 요소인 STEAM형 구술 문제가 더욱 확대될 것은 불을 보듯 뻔한 예상이다. 그럼 복잡한 공식을 펼쳐놓고 답을 적으라기보다 "벌집의 모양이 정육각형인 이유는 무엇이라고 생각하는가?", "맨홀 뚜껑이 원형인 이유는 무엇이라 생각하는가?"와 같은 문제가 나올 가능성이 더 높은 것이다.

숫자보다 이야기가 넘쳐나는 수학 교과서

수학 교육의 변화는 당연히 교과서의 구성과 수업 방식의 변화를 뜻한다. 평가문항도 스토리텔링 스팀형의 취지에 맞는 문항으로 바뀐다. 새로운 수학 교과서와 평가 방식은 엄마 아빠들의 골머리를 아프게 할 수도 있다. 그렇다고 두려워할 필요는 없다. 요즘 중학교, 아니 초등학교 고학년만 되어도 수학의 난이도가 높아 아이들의 공부를 봐주지 못하는 어려움이 해결될 수도 있기 때문이다.

수학 교과서가 바뀌고 난 뒤에는 직접 문제를 풀어가면서 답을 알려주는 방식의 도움보다 문제를 풀어가는 과정에 대한 배려가 우선이 될 것이다. 이는 기존의 창의사고력 수학과 새로 도입되는 스토리텔링 수학의 차이이기도 하다.

> 수학 교과서가 바뀌면 문제를 풀어가는 과정에 대한 배려가 우선이 될 것이다

문제풀이 중심 수학에서
배경지식 중심
수학으로의 변화

사실 많은 사람들이 새로 바뀌는 수학과 기존의 창의사고력 수학이 어떻게 다른지를 묻는다. 창의사고력 수학과 스토리텔링 수학의 가장 큰 차이점은 '문제풀이 중심의 수학에서 배경지식 중심의 수학으로의 변화'이다. 사고력을 키운다는 맥락에서 두 방식은 비슷하다. 그러나 목표지점은 분명히 다르다. 예를 들어 중학교 1학년 때 배우는 '소수'를 보자. 창의사고력 수학은 소수를 '1과 자신만으로 나눠 떨어지는 1보다 큰 양의 정수'라고 정의를 내린다. 그리고 '1단계 기본, 2단계 심화'의 순서로 문제풀이 과정을 거친다.

그러나 스토리텔링의 접근 방식은 이와 사뭇 다르다. 우선 '소수의 기원'부터 차근차근 짚는다. 소수의 기원을 이야기할 때는 기원전 300년경에 활약한 그리스 철학자 유클리드가 '소수는 무한개'라고 증명한 일화를 소개하는 것이다. 그리고 17세기의 프랑스 수학자 메르센(Marin Mersenne)이 발견한 '메르센 소수'에 얽힌 일화와 1974년 푸에르토리코 아레시보 전파관측소에서 외계인에게 보낸 펄스 신호에 사용된 소수 관련 일화, 요즘 시대에 각종 온라인 사이트나 전자 결제 등에 사용되는 대표적 암호 시스템 'RSA 공개키'의 정체가 소수란 이야기 등 다양한 이야기를 들려주며 소수에 대한 이해를 돕는다.

스토리텔링 수학은
창의사고력 수학보다
훨씬 더 넓은 범위에서
수학을 아우르고 있다

스토리텔링 수학은 이렇듯 '수학의 각 단원이 탄생하게 된 역사적 맥락', '인류 문명과 함께 발달한 수학의 발전 역사', '실생활 속에서 수학의 쓰임새', '수학과 다른 교과목의 융합 영역' 등으로 구성되어 있다. 즉 스토리텔링 수학은 문제품이 위주의 사고력 향상 과정인 창의사고력 수학보다 훨씬 더 넓은 범위에서 수학을 아우르고 있다.

수학이야말로 재미있는 공부이다

수학 교과서만 펼치면 잠이 오고, 무슨 뜻인지도 모를 숫자와 기호만으로 가득 찬 탓에 일찍이 수학 포기자가 되어야만 했던 학생들은 이제 수학의 숨겨진 재미를 느낄 수 있게 됐다. 스토리텔링 수학은 누누이 강조한 것처럼 실생활의 여러 분야에 숨어 있는 수학의 원리와 개념을 찾아 이해하는 것이다. 수학이야말로 세상을 바꿀 수 있는 흥미로운 과목이다. 한 예로 중학교 2학년을 대상으로 한 스토리텔링 수학의 한 사례를 보면 수학의 재미가 스토리와 어떻게 엮어지는지를 알 수 있다.

● '노래하는 고속도로'의 비밀

우리나라의 고속도로 중에서 어느 한 지점에서는 자동차가 그 위를 달릴 때마다 동요 '학교 종'의 선율이 울려 퍼집니다. 졸음운전을 방지하기 위해 한국도로공사가 설치한 이른바 '노래하는 고속도로(이하 음악도로)'인데요. 사실 이 장치는 주파수와 밀접한 관련이 있습니다. 음악도로를 만들려면 공사 단계에서 특정음에 해당하는 주파수를 낼 수 있도록 일정 간격으로 홈을 파야 합니다. 차가 이 홈을 지날 때 바퀴가 바닥과 닿으며 홈에 의해 출렁거리게 되고, 이 진동수를 주파수와 일치시켜 소리가 나도록 하는 거죠.

생각해보기

음악도로는 차가 시속 100㎞로 달릴 때 소리가 가장 잘 들리도록 설계됐다고 합니다. 시속 100㎞의 경우 초당 이동 거리는 몇 m일까요?

> **문제** '학교 종'에서 가장 많이 나오는 음은 '솔'입니다. 솔의 주파수가 약 784 Hz라고 할 때, 고속도로 아스팔트의 홈 간격은 어떻게 정해야 할까요? (힌트 : '솔' 음을 내려면 자동차가 1초간 이동할 때 진동을 '해당 주파수에 맞춰' 784회 일으키게 해야 한다고 합니다.)

음악도로를 겪어본 엄마 아빠도 이 문제는 흥미로울 것이다. 단지 졸음운전을 막으려고 뭔가 설치를 했는가 하고 넘어갔을 도로의 비밀에 물리 · 음악 · 수학의 원리가 아우러져 있다. 이러한 스토리텔링 수학은 앞으로 멀티미디어 자료, 예컨대 10분 내외의 동영상을 실제로 보여주면서 학습할 수도 있어 매우 효과적이었다.

> 새로운 수학 교과서는 먼저 해당 단원의 맥락에 대한 이해부터 시작한다

새로운 수학 교과서는 가장 먼저 해당 단원의 맥락에 대한 이해부터 시작한다. 해당 단원을 배우는 목적이 무엇인지를 분명하게 밝히면서 일단 아이들에게 호기심을 가지게 하는 것이다. 그리고 이 호기심은 앞서 예로 든 '소수'처럼 누가, 어떻게 만들었고 그 이후에 진화된 과정과 적용 사례 등을 알려준다.

수학 교과서의 개편 예정인 내용을 간략하게 정리를 해보면, 우선 2013학년도 초등학교 1, 2학년과 중학교 1학년부터 교과서가 개편된

다. 그리고 2014학년도부터는 고등과정에서 30퍼센트, 중등과정에서 20퍼센트의 내용이 삭제된다. 그러나 수학 수업시간은 줄지 않고 삭제된 부분에 교과융합형과 실생활 연계형 수학이 추가되는 것이다. 학습량은 20퍼센트 이상 줄이고 연산심화 문제도 삭제할 예정이다. 문제풀이에 집중하기보다 수학적 과정에 대한 이해, 즉 수학적 사고로 생각할 시간을 더 많이 주겠다는 것이다. 그리고 계산기 도입은 초등학교 때부터 어려운 계산을 할 때 허용된다. 또한 고등과정의 지수로그와 같은 어려운 계산을 할 때는 공학용 계산기 활용도 가능해진다.

새로운 수학 교과서의 구성대로 공부를 하려면 방과 후의 공부방식도 바뀔 수밖에 없다. 스토리텔링 수학에 걸맞은 공부를 해야 하는 것이다. 가장 먼저 수학과 관련한 다양한 책을 읽고 원리의 이해력을 높여야 한다. 『교과서를 만든 수학자들』, 『멋진 세상을 만든 수학』, 『생각을 키우는 호기심 만점 수학여행』 등 이미 시중에는 수학을 재미있게 공부할 수 있도록 도와주는 책들이 많다. 이런 책들을 읽으면서 수학에 대한 호기심과 흥미를 가지고, 쉽게 원리에 대한 이해를 할 수 있는 것이다.

그리고 수학이 실생활에서 어떻게 연계되는지를 실제 사례를 통해 확인하는 것도 필요하다. 내신 평가도 실생활 연계형, 교과통합형의 서술형으로 출제되고, 대학 입시의 수리논술도 실생활 연계로 출제되기 때문에 다양한 사례를 알고 있는 것이 큰 도움이 된다. 또한 자신의 수준보다 어려운

> 2013학년도 초등학교 1, 2학년과 중학교 1학년부터 교과서가 개편된다

> 수학이 실생활에서 어떻게 연계되는지를 실제 사례를 통해 확인하는 것도 필요하다

문제에 무작정 매달리는 것은 좋지 않다. 그보다 자신의 수준에서 풀 수 있는 문제들의 원리와 과정에 대한 이해를 바탕으로 서술형으로 정리하는 습관을 가지는 게 더 낫다. 즉 난이도 측정보다 자신이 알고 있는 수준에서의 지식을 얼마나 객관적으로 설득력을 가지고 설명하느냐가 능력이 더 중요하다는 것이다.

수학 교과서와 수학 교육의 방식이 이렇게 많이 바뀐다고 해서 부모나 학생들이 마냥 불안해할 필요는 없다. 수학 교육이 어떻게 바뀌어도 수학을 잘할 수 있는 비결은 따로 있다. 바로 '습관'이다. 새로 바뀐 수학 교과서와 학습방식의 이해도 중요하지만, 정작 수학을 일상적으로 공부하지 않는다면 별 효과가 없다는 이야기다. '무슨 일이 있어도 나는 수학 문제를 하루에 10문제씩은 꼭 풀겠다' '틀린 문제는 다시 반복하지 않기 위해 반드시 오답노트를 만들어 반복학습을 하겠다' 등 가장 기본적인 습관을 가지는 것이 중요하다.

수학 공부의 습관을 어떻게 가지느냐에 따라 수학 공부 시간을 20퍼센트 정도 줄일 수 있다. 학원에 가기 전에 하는 숙제, 다음날에 있을 학교 숙제를 학원과 학교를 다녀오자마자 하는 습관으로 바꾸면 그만큼 시간의 효율적인 활용이 가능해진다. 똑같은 하루를 어떻게 쓰느냐에 따라 결과는 크게 달라지는 것이다.

결국 스토리텔링 수학이 도입되고 수학 교과서와 교육과정이 바뀌더라도 수학을 잘하는 아이들의 패턴은 바뀌지 않는다. 실제로 수학의 영재성을 가진 아이는 0.1퍼센트에 불과하다고 한다. 즉 대부분의 수학 우등생들은 변하지 않는 자신들만의 공부 패턴이나 습관을 가지고 있다는 뜻이다. 반성을 잘하고, 학습계획을 세워 철저히 지키려고 노력하고, 스스로를 평가하며 자기주도학습을 하는 학생들이 수학을 잘한다.

최소공배수, '개기일식'으로 공부해볼까?

일식은 조선시대 왕이 가장 두려워했던 천재지변이었다. ('왕'을 상징하는) 태양이 사라지는 일식은 곧 왕의 신변에 닥칠 불길한 징조로 여겨졌기 때문이다. 당시만 해도 태양은 우주 만물에 생명을 불어넣는 원천으로 숭배됐다. 물론 조선시대 사람들은 일식이 자연의 일정한 법칙에 따라 발생한다는 사실을 알고 있었다. 당시 천문과 날씨 등을 관장하던 관청 '관상감'에선 일식과 월식일을 계산해 왕에게 아뢰기도 했다. 특히 일식일을 정확히 예측하는 건 곧 왕이 하늘 뜻에 충실히 따른다는 의미였으므로 왕의 입장에선 이 부분에 많은 노력을 기울일 수밖에 없었다.

조선 제4대 왕 세종은 중국과 조선 간 지리적 위치 차이 때문에 역법 계산에 오차가 발생한다는 사실을 깨달은 후, 집현전 학자들에게 한양(오늘날의 서울)을 기준으로 하는 새 역법 편찬을 지시했다. 그 결과, 탄생한 역서(曆書)가 『칠정산(七政算)』이다. 칠정산은 〈내편〉과 〈외편〉으로 구분되는데, 〈내편〉은 중국 역법을 한양의 위도에 맞게 수정·보완한 것으로 1년을 365.2425일, 1달을 29.5305일로 각각 정하는 등 오늘날의 계산법과 거의 일치하도록 제작됐다. 또한 60진법으로 구성된 〈외편〉은 고대 그리스 천문학자 프톨레마이오스의 이론을 기초로 한 일식 계산법을 담고 있다. 이후 일식을 계산할 땐 내·외편식 방법을 동시에 적용, 두 값의 일치 여부를 확인했다.

천문학에서 '황도'는 천구(天球, 하늘을 바라볼 때 천체가 커다란 구에 붙어 있는 것처럼 보이는 가상의 구)에서 태양이 지나가는 길을, '백도'는 달이 지나간 길을 각각 일컫는 용어다.

일식은 '지구–달–태양'이 순서대로 나란히 놓이는 현상을 말한다. 달은 1개월을 주기로 지구 주위를 한 바퀴씩 돌지만 황도와 백도는 5도가량 기울어져 있어 대부분의 경우 위아래로 스쳐 지나간다. 해와 달이 일단 만난 후 다시 그 지점으로 돌아오는 데 걸리는 시간은 태양이 346.6일, 달이 27.212일이다. 양자 간 최소공배수를 구하면 소수점이어서 약간의 차이는 있지만 약 6,585일이란 계산이 나온다.

[보기] 3,466일 × 19 = 6,585.4일
　　　 27.212일 × 242 = 6,585.3일

생각해보기 ①
일식으로 역사의 기록을 유추하는 게 가능한지 생각해보세요.

생각해보기 ②
오늘(2012년 4월 23일) 개기일식이 일어났다면 다음번 개기일식 일은 언제일까요?

귀뚜라미 울음소리로 기온을 측정한다?

수학은 왜 문자와 수식(數式)으로 구성될까? 수식을 이용하면 일상언어로 표현할 때 길고 모호할 수 있는 내용을 간결하고 정확하게 나타낼 수 있기 때문이다. 오늘은 우리 일상과 밀접하게 관련돼 있는 수식의 종류를 살펴보자.

여름철에 자주 등장하는 '불쾌지수(discomfort index)'는 온도와 습도를 모두 고려해 나타낸 체감온도 수치다. 공기 중 습기가 많으면 끈적거리는 느낌 때문에 불쾌해지는데 그 정도를 지수화한 것이다. 불쾌지수를 계산하려면 건습구 습도계에서 건구 온도(섭씨 온도)에 습구 온도를 더한 후, 0.72를 곱하고 40.6을 더한다. 즉 건구 온도가 섭씨 a도이고 습구 온도가 b도일 때 불쾌지수 D는 다음과 같다.

$$D = 40.6 + 0.72(a+b)$$

날이 습할 땐 건구 온도와 습구 온도 간 차이가 크기 때문에 불쾌지수가 높아진다. 반면, 날이 건조할 땐 양자 간 온도 차가 크지 않아 불쾌지수는 낮아진다. 불쾌지수가 70 이상이면 전체 인구의 약 10퍼센트가 불쾌감을 느낀다. 75 이상일 경우엔 약 50퍼센트가, 80 이상일 땐 거의 대부분이 불쾌하다고 여긴다.

생각해보기 ①

섭씨 x도와 화씨 y도 사이엔 '$y=\frac{9}{5}x+32$'의 관계가 성립합니다. 이 수식을 이용해 건구 온도가 화씨 84도, 습구 온도가 화씨 71도일 때의 불쾌지수를 구해보세요.

여름이 지나면 선선한 가을이 찾아온다. 가을을 알리는 신호 중 하나가 귀뚜라미 울음소리다. 그런데 귀뚜라미 소리는 왜 유난히 가을에 자주 들릴까? 정답은 '기온' 때문이다. 미국 속담에 '귀뚜라미는 가난한 사람의 온도계'란 말이 있다. 여기엔 '귀뚜라미가 울기 시작하면 머지않아 추운 겨울이 닥친다'는 뜻 외에 실제로 귀뚜라미 울음소리가 온도 측정에 활용된다는 의미도 있다. 특히 북아메리카 지역에 서식하는 흰나무귀뚜라미는 기온 변화에 따라 울음소리가 정확하게 바뀐다고 한다.

미국 과학자 아모스 돌베어는 '귀뚜라미 온도계'란 제목의 논문을 통해 귀뚜라미 울음소리의 횟수와 기온의 관계식을 발표했다. 이에 따르면 귀뚜라미의 1분당 울음소리를 'n', 화씨 온도를 'F'라고 했을 때 관계식은 '$n=4F-160$'과 같이 나타낼 수 있다.

이처럼 생활 속 대부분의 통계 수치는 문자를 활용한 수식으로 나타내면 훨씬 쉽게 이해된다(단, 귀뚜라미 울음소리는 종류에 따라 조금씩 달라지므로 위 수식을 무조건 적용해선 곤란하다).

생각해보기 ②

흰나무귀뚜라미가 15초 동안 18회 울었을 때의 기온을 화씨로 나타내면 어떻게 될까요?

Part 03

재미있는
수학이 온다

희망이 엄마에게 평일 오전 11시의 한가로운 티타임은 어느덧 지나간 추억이 되어 버렸다. 예전에는 아이를 학교에 보내고 난 뒤에 집안 정리를 하고 커피 한 잔 하는 시간이었는데, 이제는 자연스럽게 컴퓨터를 켜고 자료를 수집하거나 책을 읽는 시간이 되었다. 몇 차례에 걸친 신동엽 대표와의 대화와 엄마들의 스터디 모임을 통해 희망이 엄마는 수학을 비롯해 아이 교육과 관련해서 많은 정보를 들을 수 있었다.

그 많은 정보는 단지 "아하! 이런 게 있었구나!"라는 것으로 그쳐서는 안 된다고 생각했고, 앞으로는 아이 못지않게 엄마들도 더 다양한 분야의 책을 많이 읽으며 아이와 함께 공부해 나가야 한다는 것을 깨달았다. 그래서 오늘은 온라인서점에 들어가 어떤 책들이 있는지 살펴봐야겠다고 마음 먹던 참이었다.

그동안은 희망이에게 어떤 책이 필요한지, 어떤 책을 읽혀야 하는지에만 관심이 있었다. 하지만 앞으로 이루어질 스토리텔링 스팀형 수학에 따르면 여러 분야에 걸쳐 폭넓은 독서가 필요하고, 이는 부모와 아이가 함께 해나가야 하는 것이었다.

따라라~.

막 컴퓨터를 켜는데 휴대전화가 울렸다.

언니, 뭐하세요?

 응. 온라인서점에 들어가서 책을 좀 보려고 했어. 아무래도 한눈에 쉽게 살펴보는 건 온라인서점이 좀 편하잖아.

 어머, 정말 열심히 하시네. 그런데 이제 곧 고학년으로 올라갈 텐데 갑자기 좀 불안해지는 거예요. 신동엽 선생님 칼럼을 볼 때는 이해가 되면서도, 또 이렇게 수학 역사나 보고 있는 게 맞는지 말이에요. 차라리 문제집이라도 한 권 더 푸는 게 나은 건 아닌지…….

다운이 엄마는 신동엽 대표가 이야기해준 스토리텔링 스팀형 수학에 대한 공부를 위해 책을 읽는 것도 중요하지만, 과연 정말 이게 맞는지 아직도 확신이 서지 않았다. 다른 아이들처럼 학원이라도 보내서 선행학습을 시켜야 하는 것은 아닌지 걱정이 많았다. 그래서 희망이 엄마에게 자신의 고민거리를 털어놓았다.

 지난번 모임에서 신동엽 선생님이 말씀하셨잖아. 아무리 스토리텔링을 접목해서 수학 교과서가 바뀌더라도, 저학년에서는 기본적인 연산능력은 갖추고 있어야 한다고 말이야. 기억 안 나? 아, 맞다. 그때 다운이 엄마는 시어머님이 올라오셔서 못 왔지.

 그랬어요? 그럼 그렇지. 계산도 안 되는 아이를 붙잡고 수학적인 배경 이야기만 자꾸 들려준다고 해서 될 일은 아니죠.

 그래. 그래서 신동엽 선생님도 어느 정도 선행학습은 해야 한다고 하셨어. 저학년은 물론이고, 기초가 부족하다고 생각되는 고학년이라면 기본적인 연산능력을 탄탄히 하는 것이 무엇보다 기본이라고 말이야. 그후에야 스토리텔링

수학의 배경지식도 쉽게 이해할 수 있는 거라고 하시더군.

그래도 전에는 다운이 수학 점수 1점이 아깝고 속상하더니, 여러 엄마들과 함께 스터디하면서 마음이 좀 편해졌어요. 수학이 내신이나 대학 입시에 중요한 만큼, 더 내실 있게 가야겠다는 생각이 들더라고요. 지금은 조금 뒤처져 있지만, 길게 가는 경기라고 생각하기로 했어요.

다운이 엄마는 처음에는 신동엽 대표를 통해 수학 교육의 비법이나 지름길을 배워야겠다고 생각했다. 하지만 시간이 지날수록 수학에 지름길은 없다는 깨달음을 얻었다.

이번 주말에 아이하고 어디 가신다면서요?

응. 참 다운이네도 함께 갈래? 가족끼리 놀러가는 것도 아니고 수학 탐구생활하러 가는 거라서 말이야.

수학 탐구생활요?

지난번에 신동엽 선생님이 수학도 탐구생활이 필요하다고 하셨잖아. 그래서 이번에 남양주에 있는 수학문화원에 갔다 오려고 말이야.

신동엽 대표는 무작정 수학 공부를 강요하기보다 수학의 본질에 대해 흥미를 느낄 수 있도록 해주는 게 중요하다고 강조했다. 그러기 위해서는 수학이 대체 무엇인지, 그리고 왜 수학이 생겨났는지에 대한 이야기부터 들려주면서 아이들이 수학에 흥미를 갖게 하라는 것이다.

그럼 저도 다운이 데리고 가볼까요? 오랜만에 바람도 쐴 겸 해서 말이죠. 훗!

 밖에 나가서 놀았는데, 나중에 알고 보니 그것도 수학 공부더라고 자연스레
아이들이 깨달으면 좋겠지?

희망이 엄마와 다운이 엄마는 아이들과 함께 떠나는 수학놀이 여행을 위해 일정을
짰다. 이제 수학은 방에 틀어박혀 문제만 푸는 것이 아니라, 바깥세상에서 매 순
간 체험하고 배우며 세상 모든 것에 수학적인 요소가 있음을 깨닫게 되기를 바라
는 마음이었다.

선행학습과 배경지식을 제대로 이해하자

선행학습의 본래 뜻은 '주어진 시간에 배울 학습 과제의 성격 때문에 하위에 해당하는 과제나 목표를 제대로 알고 있으면 본 학습이 원활해서 하위에 속하는 과제를 습득하는 것'이다. 어려운 문제를 풀려면 그 문제의 기초가 되는 선행학습을 하는 것은 당연하다. 사칙연산도 못하는 학생에게 방정식을 풀라고 하면 되겠는가? 그런데 이런 의도와는 달리 선행학습은 논란을 불러일으켰다. 무조건 상위 학습 과제를 빨리 습득해야 하는 것으로 와전되어버렸기 때문이다.

전문가들은 지적인 능력을 요구하는 과목이나 학습 과제일수록 선행학습의 질이 중요하다고 한다. 그래서 수학과 과학의 경우에는 선행학습이 가장 많이 이루어지는 교과목이다. 또한 선행학습의 논란이 빈번하게 일어나는 과목이기도 하다.

선행학습의 논란은 과도한 사교육의 논란과도 이어져 있다. 과도한 사교육의 원인으로 지목되는 이유로는 여러 가지가 있지만, 그중에서 학교 선생님조차 풀지 못할 정도로 어려운 문제의 시험 출제가 선행학습을 부추긴다는 지적이 있다. 교과서의 진도에서 벗어난 어려운 문제는 학생들이 감당할 만한 심화 수준을 넘어섰다는 것이다. 그래서 사교육을 통해 선행학습을 할 수밖에 없는 구조이고, 이런 구조에서 선행학습은 사교육의 원흉으로 취급받고 있다.

물론 공부에 있어 복습 못지않게 중요한 것은 예습이다. 그리고 예습은 곧 선행학습을 뜻한다. 상위 과제를 풀기 위한 하위 개념의 학습 과제를 미리 공부하고 익힌다는 것 자체가 선행학습, 즉 미리 진도를 공부한다는 뜻이다. 이게 나쁘다는 것은 아니다. 단지 너무 지나치게 선행학습에 매달리기보다 개념부터 차근차근 이해하는 수준의 선행학습을 해야 한다. 예컨대, 앞으로 배워야 할 단원에 대해서 미리 교과서를 읽어보고 문제도 풀어보면서 자신의 수준을 가늠하는 것이다.

> 상위 과제를 풀기 위한 하위 개념의 학습 과제를 미리 공부하는 것이 선행학습이다

선행학습과 관련한 논란을 두고 선행학습을 할 것인가, 안 할 것인가에 매달리는 것은 어찌 보면 우둔한 판단을 하려는 것과 같다. 수학뿐만 아니라 다른 모든 과목도 미리 공부를 하는 것이 좋다는 것쯤은 모두가 인정하는 현실이다. 다만 지금까지 이루어진 선행학습이 과도한 난이도의 문제풀이에 집중했다면, 이제는 스토리텔링 수학이라는 취지에 맞춰 문제풀이가 아니라 배경지식을 쌓는 것에 더 노력을 기울여야 한다는 말이다.

기본 연산능력이 있어야 배경지식도 효과가 있다

아이가 초등학생일 때는 스토리텔링 수학을 한다고 해도 그리 크게 와 닿지 않을 수 있다. 아이들이나 엄마가 배경지식이 별로 없는 상황에서는 스토리텔링이 가미된 스팀형 수학이 선뜻 와 닿지 않을뿐더러 학교 성적에도 큰 영향을 주지 않는 것처럼 보이기 때문이다.

하지만 앞서 이야기한 것처럼 교육과학기술부는 당장 2013년을 기준으로 초등학교 1·2학년, 중학교 1학년, 고등학교 1학년을 대상으로 교과통합형 수업을 시작할 예정이다. 이 교과통합형 수업방식에 익숙해지려면

> 초등학교 1·2학년, 중학교 1학년, 고등학교 1학년을 대상으로 교과통합형 수업을 시작할 예정이다

무엇보다 배경지식을 쌓는 것이 중요하다. 음계나 음정 따위의 음악 관련 기초 지식이 없는데, 음악과 수학을 결합한 교과통합형 수업을 따라갈 수는 없다. 특히 중학교에 올라가면 본격적으로 스토리텔링 스팀형 수학을 공부해야 한다. 그때 교과통합형 수업에 제대로 적응하려면 조금 여유가 있는 초등학교 때부터 배경지식을 쌓는 데 시간을 할애해야 하는 것이다.

중학교는 특히 수학부터 실생활에 연계된 학습 과제 위주의 수업이 진행된다. 그런데 연산 위주의 선행학습에 너무 매달리면 도리어 수업 진도를 못 따라갈 수도 있다. 따라서 이제는 배경지식을 공부하는 것이 스토리텔링 수학의 선행학습인 셈이다.

> 중학교 수학을 잘하려면 초등학교 때 전 과목을 골고루 학습해야 한다

즉 중학교 수학을 잘하려면 연산 위주의 선행학습보다 초등학교 때 국어, 사회, 과학, 음악, 미술, 수학 등 전 과목을 골고루 학습해야 하는 것이다.

교과서의 개편도 배경지식의 중요성을 일깨워준다. 예전에는 교과서가 개편되면 한 단락을 상급 학년으로 올리고, 대신에 하급 학년에서 뭔가 올라와 교과서를 채우며 난이도 조절을 했다. 그래서 전체적인 난이도 조절을 할 뿐이지, 학습량이 줄어든 것은 아니었다. 그런데 새롭게 개편되는 스토리텔링 수학 교과서는 교과서의 내용을 삭제하면서 다른 단원이나 개념, 원리로 채우지 않는다. 그 빈 자리에 이 단원이 탄생한 배경과 실생활에 어떻게 연계되는지에 대한 내용이 채워진다. 그래서 공부할 단원이 8단원이었다면, 이제는 6단원으로 줄어들고 나머지는 스토리텔링의 요소가 들어가는 것이다. 앞서 수학 교과서의 학습량이 20퍼센트가 줄어들고, 수학적 과정에 대한 이해와 생각을 하는 시간을 수업에 배치한다는 뜻이 바로 이런 배경을 가지고 있는 것이다.

평가도 배경지식의 영향을 받을 수밖에 없다. 교육과학기술부에서 평가를 바꾸어버리면 아이들과 엄마들의 체감도는 달라질 수밖에 없을 것이다. 특히 초등학교 6학년의 경우 지금까지 연산 위주로 열심히 공부해왔더라도, 교과서가 바뀌고 스토리텔링 요소가 들어간 학습방식에 빨리 적응하지 못하면 낭패를 볼 수 있다. 특히 상위권의 학생일수록 수학 평가에서 한두 문제가 틀린다는 것은 전체 내신에 큰 타격을 줄 수 있다.

> 상위권의 학생일수록 수학 평가에서 한두 문제가 틀린다는 것은 전체 내신에 큰 타격을 줄 수 있다

초등학교에서 중학교로 올라가 처음 치르는 중간고사 성적과 중학교에서 고등학교로 올라가 처음 치르는 중간고사 성적을 전교 등수로 보면, 중 · 하위권 학생들은 플러스마이너스 20~30등 차이다. 그러나

교과서가 어떻게 개편되고
내신 평가가 어떻게 바뀌는지
정확한 정보를
알아두어야 한다

상위권 학생들은 플러스마이너스 5등 정도밖에 차이가 나지 않는다. 예를 들어 처음 치른 중간고사에서 전교 15등을 했다면 나중에 성적은 대부분 전교 10등에서 20등 사이에서 오간다는 것이다. 이런 학생들이 한순간에 2등으로 올라가고 1등을 넘보는 것은 대단히 어려운 일이다.

결국 상급학교에 진학해 첫 단추를 어떻게 꿰느냐가 상당히 중요하다. 첫 성적이 얼마나 중요한지 염두에 두고 있는 엄마는, 특히 학습에 대한 관심이 높은 상위권의 엄마이다. 수학을 두고 보면, 교과서가 어떻게 개편이 되고, 수학에 대한 내신 평가가 어떻게 바뀌는지에 대한 정확한 정보를 정확히 알아두어야 할 것이다.

상위권의 학생과 부모는 대체로 학습에 대한 정보를 먼저 파악하고, 새로운 공부 패턴에도 빨리 적응하는 편이다. 그렇다면 중·하위권 학생들은 어떻게 해야 할까?

중·하위권 학생들의
목표는 명확하다.
무엇을 하더라도
개념 정립이 우선이다

중·하위권 학생들의 목표는 명확하다. 무엇을 하더라도 개념 정립이 우선이다. 어쩌면 중·하위권 학생의 입장에서는 이번 수학 교육과정의 변화는 수학에 흥미를 가질 수 있는 좋은 기회가 될 수 있다. 일단, 교육과학기술부가 어려운 수준의 학습 내용을 20퍼센트가량 제외하겠다고 했으니 심화에 대한 부담과 다소 딱딱한 학습내용에서 벗어날 수 있다. 그리고 교육과학기술부가 그 빈자리를 즐겁고 재미있는 수학으로 채운다고 했기 때문에 잃고 있던 수학에 흥미를 다시 찾을 가능성 또한 높아지기 마련이다.

그러나 아무리 수학이 재미있고 즐겁다고 해도 기본적인 연산능력이 뒷받침되지 않으면 말짱 도루묵이다. 연산에서 자꾸 틀리는데, 그래서 좋아하는 만큼 성적이 나오지 않는데 쉽고 재미있는 교과 내용이 무슨 소용이 있겠는가? 결국 수학의 재미는 과제를 풀어, 그 성취감을 느끼는 것이다. 연산이 됐든, 수학적 과정을 통한 생각하기가 됐든 간에 정답을 맞힐 때 쾌감과 더불어 공부의 재미를 느낀다.

중·하위권 학생들이 다시 수학에 흥미를 가지려면 일단 기초적인 연산능력을 키워야 한다. 그런데 엄마들은 이 과정에서 '뱁새가 황새 따라가다가 가랑이 찢어지는' 어리석음을 저지르기 쉽다. 중위권 엄마들이 잘못 생각하는 것 중의 하나가 '옆집 아이'를 따라 하라고 재촉하는 것이다. 상위권 학생이 하는 대로 따라 하면 중·하위권에 머물고 있는 자신의 아이도 곧 상위권이 될 것이라는 환상에서 벗어나지 못하는 것이다.

그러나 하염없이 상위권의 뒷모습을 바라보며 흉내를 내는 것보다 아이의 수준에 맞춘 학습전략이 필요하다. 중·하위권 학생에게 스토리텔링 수학은 분명 효과적일 수 있다. 하지만 스토리텔링을 통해 아이에게 수학적 흥미를 유발하기 위해서는 반드시 그 학년에서 해야 하는 기본적 연산능력과 단원에 대한 개념 정리가 갖춰져 있어야 한다. 예컨대, 곱셈에서 자꾸 실수를 한다면 스토리텔링으로 공식까지 유도했을지언정 문제의 답을 맞힐 수가 없다. 또 스토리텔링 수학 공부법이 재미있지만, 지금 왜 이 이야기를 하고 있는지 인지하지 못한다면 아무 소용이 없다. 결국 스토리텔링 수학이나 실생활 연계형이나, 혹은 교과통합형이나 기본이 되어 있지 않으면 소용이 없다. 수 연산을 기본으로 해서 스토리텔링, 실생활 연계, 교과통합에 접목하는 것이기 때문에 이것이 안 되면 틀린 답이 나온다. 틀린 답도 어쩌다 한두 번이어야지, 자꾸만 실수를 하고 틀린 답을 내놓으면 흥미를 잃을 수밖에 없다.

배경지식과 선행학습은 서로 다른 개념, 또는 대립되는 개념이 아니다. 미리 배경지식을 쌓는 것도 선행학습이고, 기본적인 수 연산을 충실히 하는 것도 선행학습이다. 그리고 기본에 충실하고 첫 단추를 잘 꿰는 것이 선행학습과 배경지식 습득의 목표이다.

수학도
스토리가 있다

스토리텔링 스팀형 수학의 핵심은 융합형 사고능력을 갖추는 것이다. 그래서 수학뿐만 아니라 다양한 분야의 지식을 쌓는 것이 매우 중요하다. 상위권의 학생일지라도, 머리가 똑똑하다고 해서 배경지식을 쌓는 것에 소홀히 하면 큰 코를 다칠 수 있다. 중·하위권 학생들은 스토리텔링과 관련한 배경지식을 탐구할 필요가 있다.

배경지식은 수학 공부뿐만 아니라 모든 학습에서 아주 중요한 역할을 한다. 배경지식을 통해 더 많은 세상을 파악하고, 그 지식의 관점에서 해석을 하며 자신의 주장을 가다듬어 독창적인 지식을 쌓는다. 배경지식이 없는 상황에서 새로운 지식을 공부하는 것은 단편적인 정보 습득에 그칠 가능성이 높다.

"방금 읽긴 읽었는데, 까먹었어."

"보긴 봤는데, 무슨 내용인지는 잘 몰라."

배경지식을 쌓는 것은 자신이 가지고 있는 지식에 대해 점검하는 과정이기도 하다. 배경지식을 제대로 알고 있으면 새로운 지식을 올바로 해석하고 받아들이는 데 아무 문제가 없다. 그런데 어떤 부분에서 부족한 것이 있으면 새로운 지식을 습득하는 데 장애가 생긴다. 이때 어떤 부분이 부족한지를 깨닫게 되는 것이다. 또 비슷한 정보는 함께 묶어 새로이 할 수도 있다. 그래서 배경지식을 쌓는 것은 내 기억의 지식을 정리하고 색인을 하여 분류하는 등 머릿속의 도서관을 만드는 것과 다름없다.

배경지식을 제대로 활용하면 자신의 한계도 극복할 수 있다. 뇌 용량의 한계마저도 배경지식의 정리와 활용을 통한 연상작용으로 극복할 수 있다는 것이 전문가들의 주장이다. 이런 환경에서 새로운 지식을 접하게 되면 마치 불꽃이 튀듯 상호작용을 일으켜 보다 발전할 수 있는 계기를 마련해준다.

학습에서 배경지식은 공부하는 양이 늘어나는 것이 아니라 더 나은 학습 효과를 기대할 수 있는 도약판이다. 그렇기 때문에 다양한 독서에만 그치는 게 아니라 자신의 사고능력을 점검하며 어느 정도 논리적인 흐름을 만들어내는 과정이 있어야만 한다. 논술에서 배경지식과 더불어 풍부한 어휘력과 논리추론, 서술 능력을 키우는 것을 매우 중요하게 강조한다. 수학도 이와 다를 게 없다. 수학적 과정을 떠올리면 쉽게 이해가 될 것이다. 수학적 언어, 수학적 커뮤니케이션을 하려면 무엇보다 해당 단원에 대한 풍부한 배경지식을 바탕으로 논리적인 추론과 어휘력을 발휘하고 서술할 수 있어야 하는 것이다.

어려운 문제도 스토리텔링으로 풀자

스토리텔링 수학은 상위권 학생들에게도 융합형 사고능력을 요구한다. 어려운 문제를 척척 풀어내지만 정작 기본적인 원리에 대한 이해와 실생활에서의 연계 등에는 취약한 상위권 학생들이 의외로 많다고 했다. 그래서 지금 배우는 수학 단원이 다른 교과목과 어떻게 연관되어 있고, 또 우리의 실생활에서 어떻게 녹아들어 있는지를 배우는 것은 상위권 학생에게도 기본이다. 그 기본을 바탕으로 다른 것과 융합할 수 있는 훈련이 되어야 한다.

> 지금 배우는 단원이 다른 과목과 어떻게 연관되어 있는지를 배우는 것은 기본이다

수학과 관련이 깊은 과학의 법칙, 사회의 법칙 등에 수학의 원리를 적용할 줄 아는 훈련은 '페르미 추정'과 같은 문제를 많이 접하면서 추론하는 힘과 수학적 사고력을 키워야 한다. 대표적인 유형인 "서울에 있는 남성 전용 미용실은 몇 개일까?"라는 문제를 접한다면 습관적으로 인터넷을 검색하기보다는, 앞서 설명한 시카고의 피아노 조율사 숫자를 추론하는 과정처럼 생각을 정리해보는 습관을 들이는 것이 좋다. 서울의 인구가 1,000만 명이고, 남자는 대략 50퍼센트라고 가정하고, 그중에서도 절반이 남자 전용 미용실을 갈 것이라는 가설을 세우면 대략 250만 명이다. 이들이 한 달에 한 번 가고, 미용실에서는 하루에 몇 명을 서비스할 수 있다는 식의 추론을 세울 수 있다.

그런데 초등학교 고학년이면서 스토리텔링 수학을 배우는 상위권 학생들에게는 사고력을 키울 수 있는 페르미 추정 전략이 적합하겠지만, 중·하위권 학생들에게는 오히려 이 방법이 독이 될 수 있다.

수학 자체가 부담스러운 학생들에게 고차원적인 사고능력을 요구하면 그나마 남아 있는 의욕마저도 떨어뜨릴 수 있다. 이런 학생들은 위와 같은 문제를 만나면 큰 고민 없이 곧바로 "대충 만 명쯤 되려나?"라고 생각하고 만다. 중 · 하위권 학생들에게 대뜸 서울광장에 촛불집회가 열렸는데, 왜 경찰과 주최 측이 주장하는 참가 인원이 다른지 아느냐고 물으면 "그걸 제가 어떻게 알아요?"라는 까칠한 대답을 들을 수밖에 없는 것이다. 이는 학생의 잘못이 아니다.

따라서 중 · 하위권 학생들에게는 페르미 추정이 도대체 무엇인지, 추정의 과정이 어떻게 되는지 등 수학적 원리와 배경부터 가르쳐줘야 한다. 이런 원리를 먼저 가르친 후에 "왜 인원이 각각 다를까?" "그런데 너희들은 어떻게 생각하니?"라고 질문을 던지면서 페르미 추정의 과정으로 유도하는 것이 효과적이다.

> 상위권 학생들은 자기주도학습의 과정을 통해 배경지식을 쌓는 훈련을 한다

교육에 있어 쌍방향 커뮤니케이션이 도입된 수업방식이 좋다고 해서 모든 학생들을 상위권 학생들의 수준으로 맞출 수는 없는 노릇이다. 상위권 학생들은 대개 자기주도학습의 과정을 통해 배경지식을 쌓는 훈련을 한다. 그러나 중 · 하위권 학생들은 배경지식을 쌓는 가장 효과적인 방법인 독서와 거리가 먼 경우가 많다. 따라서 중 · 하위권 학생들은 우선 적절한 동기부여부터 시작하는 것이 좋다. 심지어 선생님이 예쁘고 잘생겼다거나, 혹은 좋아하는 이성 친구가 수학을 잘해서 자신도 열심히 공부를 해야겠다는 학생들도 있었다. 이런 학생들의 성향을 감안하면 스토리텔링 수학 교육은 동기부여의 계기를 마련해줄 수 있을 것이다.

그런데 스토리텔링 수학에 필요한 배경지식을 쌓는 데 독서가 가장

효과적이라고 하니 마치 동화나 소설 한 권 읽는 것으로 잘못 알고 있는 부모와 학생들이 있다. 물론 책읽기를 통한 훈련이라는 측면에서는 같다. 하지만 단지 읽고 어떤 감명을 받았는지 독후감을 쓰는 것과는 다소 다르다.

스토리텔링 수학은 개념과 원리를 좀 더 쉽게 이해하고 오랫동안 기억할 수 있도록 해주는 것이 일차적인 목표라고 할 수 있다. 그리고 단지 문제풀이 공식이나 수학의 개념을 외우는 것이 아니라 자신의 경험이나 일상에서 유사한 수학적 사례를 찾아내어 개념과 원리를 좀 더 쉽게 각인시키는 것이 이차적인 목표이다. 그러고 난 뒤에 깨달은 수학적 원리를 다른 교과목이나 실생활에 연계할 수 있는 스토리텔링만의 창의성을 발휘하는 것이다.

> 수학에 흥미를 갖게 하고 이를 성적 향상으로 연결시키는 것이 스토리텔링이다

수학에 대한 흥미를 불러일으키고, 또 이를 성적 향상으로 연결시키는 스토리텔링은 그동안 압박감에 쉽게 포기해버렸던 수학에 대한 두려움을 없앨 수 있다. 즉 수학과의 거리를 좁히고, 더불어 공부에 흥미를 느낀다면, 스토리텔링은 그 자체가 목적이 아니라 제대로 된 수학 공부를 하기 위한 열쇠인 셈이다.

내가 배운 지식이 제대로 영글려면 무엇보다 다른 사람에게 그 지식을 가르쳐주는 것이 가장 좋은 방법이라고 한다. 스토리텔링에 익숙한 아이는 효과적인 방법으로 지식과 정보를 전달할 수 있다. 친구에게 혹은 부모에게 전달하는 과정에서 자신의 생각을 정리하는 능력을 키우고, 수학적 과정의 논리추론과 더불어 의사소통 능력까지 발달하게 되는 것이다.

학년이 올라갈수록 수학에 대한 흥미를 잃고 성적이 떨어지는 아이에게 무작정 문제집만 풀게 하고, 상위권 아이들이 많이 다니는 학원과 과외 선생을 소개시켜주는 것은 아이에게 공부하지 말라고 강요하는 꼴이 될 수도 있다. 이제부터는 부모와 아이가 함께 익히고 배울 수 있는 수학의 재미있는 이야기들을 주고받으며 개념의 이해부터 천천히 습득해 아이가 수학에 흥미를 가지도록 이끄는 게 가장 지혜로운 방법이다.

수학사도 탐구형 문제를 풀어라

　　　　　　　　　　새로운 교과서의 문제는 '덧셈과 뺄셈의 발달 과정'이나 '사모스 섬 터널은 어떻게 뚫었을까?'와 같은 수학사적 이해와 사고를 요구한다. 앞서 수학사에 대해서 잠시 언급했지만, 결국 모든 지식은 '맥락에 대한 이해'가 우선되어야 순조롭게 자신의 것으로 흡수될 수 있다. 그런데 이런 맥락의 이해를, 역사를 공부할 때 연대기 외우듯 하면 자신의 것으로 만들기가 어렵다. 그래서 수학사에 대한 이해도 스토리텔링을 도입하면 아주 효과적일 수 있다.

　사건이나 문장, 혹은 문제를 이해하는 데 있어 맥락은 아주 중요하다. 맥락이란 '사물 따위가 서로 이어져 있는 관계나 연관'을 뜻한다. 그래서 어떤 이야기를 들을 때는 그것이 품은 맥락을 이해하는 것이 가장 중요하고, 그 이야기의 맥락을 제대로 이해하지 못하면 오해를 할 수도 있다. 커뮤니케이션은커녕, 서로 엉뚱한 이야기를 하고 있으니 갈등도 발생할 수 있다. 학교 공부도 마찬가지다. 자신이 공부해야 하는 부분에서 맥락을 모른 채 그저 외우기만 한다면 당연히 효과는 떨어질 수밖에 없다. 열심히 외웠지만 며칠 지나면 잊어버리거나 기억이 희미해지는 것은 앞뒤 관계를 이해하지 못한 채 기계적으로 외웠기 때문이다.

> 새로 도입되는 교과서에 따르면 수학에서도 맥락을 읽는 것은 매우 중요한 일이 될 것이다

하지만 맥락을 읽게 되면 자신이 배워야 할 것에 대한 배경과 의도를 짐작할 수 있다. 그렇다면 이해력은 크게 향상된다. 모든 과목에 해당되는 이야기이지만 수학도 마찬가지다. 새로 도입되는 교과서에 따르면 앞으로는 수학에서도 맥락을 읽는 것은 매우 중요한 일이 될 것이다. 그리고 앞서 이야기한 선행학습의 방식도 미리 문제를 푸는 것이 아닌, 맥락을 읽는 차원에서 접근한다면 더욱 효과적일 것이다.

이제 수학에 대한 흥미는 얼마나 어려운 문제를 풀 수 있느냐가 아니라, 수학이라는 본질에 대한 흥미로운 접근이어야 한다. 수학이 무엇인지, 왜 생겨났는지도 모른 채 무조건 공식과 원리를 외우는 것보다, 그 공식은 어떤 사람이 어떠한 상황에서 만들었는지를 이야기를 통해 알게 된다면 쉽게 잊어버리지는 않을 것이다. 이는 문제집 한 권을 풀어 그 공식과 원리를 이해하는 것보다 훨씬 빠르고 쉬운 방법일 수 있다.

수학의 역사를 재미있게 배울 수 있는 책들은 많다. 수학의 기원에서부터 현대의 첨단 기기에 녹아 있는 수학 원리까지를 마치 역사 이

야기를 하듯 서술한 책도 있다. 그리고 수학에는 왜
노벨상이 없는지, 최초의 여성 수학자는 왜 살해됐는
지, 아인슈타인의 상대성이론이 나오기까지 그의 부인이
한 역할은 무엇인지 등 수학의 역사 뒤에 숨은 재미있는 에피소드를
통해 아이들의 흥미를 끌 수 있는 요소들을 담은 책도 있다.

독일의 교육철학자인 루돌프 슈타이너(Rudolf Steiner)는 "어린 시절
은 상상의 시기이다. 그래서 이미지에 근거한 교육이 이루어져야 한
다"고 했다. 그런 면에서 보자면 상상할 수 있는 방식의 교육은 스토리
텔링이 가장 최적이라고 할 수 있다. 딱딱하고 어려워 보이는 수학사
또한 스토리텔링의 방식을 통해 하나씩 전달하는 게 훨씬 효과적일
것이다. 스토리텔링이야말로 역사 속 수학의 현장을 이미지로 보여줄
수 있기 때문이다.

무리수에 숨은 수학사를 발견하라

중·하위권 학생들에게 '무리수'에 대한 개념을 가르친다고 생각해
보자. 아이들에게 무리수라는 단어를 꺼내는 순간, 정수도 힘들어 죽
겠는데 무리수가 웬 말이냐고 투덜거리는 아이들이 대부분일 것이다.
이런 상황에서 딱딱한 용어로 정리된 개념을 몇 번이나 읊어봤자 이해
력은 떨어질 수밖에 없다. 그보다 스토리텔링으로 접근해보는 것이다.
무리수 이야기를 하면서 피타고라스와의 만남을 준비하는 것이다.

"오늘은 무리수를 공부할 텐데, 먼저 무리수에 얽힌 재미있는 이야기부터 해보자. 너희들 '피타고라스의 정리'는 들어봤지? 그런데 피타고라스가 피타고라스의 정리를 어떻게 발견했는지 알아? 사실 그건 그 사람이 한 게 아니라 이집트의 한 사원에 있는 타일 속에서 발견된 것이지."

"네? 그게 어떻게 타일 속에 있을 수 있어요?"

아이들이 조금이라도 흥미를 가지고 이야기에 빠져들 때, 이번엔 시각적인 효과를 노리며 종이를 꺼내든다.

"자, 이게 타일을 그린 그림이야. 여기에 이런 원리가 숨어 있어. 이것을 이렇게 제곱을 하고……."

아이들은 점점 이야기 속으로 빠져들 것이다. 어느새 지겨운 무리수의 이야기라는 것은 잊어버리고, 살아 있는 이야기를 통해 원리에 대한 설명이 쏙쏙 귀에 들어온다.

"이렇게 위대한 피타고라스의 정리가 타일 속에서 발견됐듯이 너희들도 얼마든지 피타고라스가 될 수 있어."

아이들은 듣기만 해도 어려웠던 수학의 정리들이 아주 사소한 것에서 발견되었다는 이야기를 통해 수학에 대한 거리감을 좁힐 것이다. 그러나 이게 끝이 아니다.

"그런데 여기서 비극이 시작되지."

"네? 무슨 비극이요?"

피타고라스의 정리에서 애초에 시작한 무리수로의 접근이 시작된다. 마치 천일야화처럼 이야기는 계속 이어지는 것이다.

"여기서 3의 제곱 더하기 4의 제곱은 5의 제곱이니 3, 4, 5라는 정수로 떨어지는데……."

이쯤에서 가르치는 사람은 피타고라스학파의 이야기를 꺼낸다.

"피타고라스가 한 유명한 말이 뭐지?"

"만물은 수다!"

"맞아. 그런데 여기서 수는 피타고라스학파의 입장에 볼 때, 전부 다 유리수의 개념이었단다. 그리고 피타고라스학파는 학파라기보다 거의 종교집단에 가까웠어. 모든 재산도 학파에 기부를 하고……."

이야기는 무리수로 접근하면서도 재미있는 스토리텔링 구조와 흐름을 놓치지 않는다.

"자신의 전 재산을 모두 학파에 기부하고, 모든 수는 유리수로 되어 있고, 그런 이론들을 당연히 여기고 무심히 이어왔던 사람들에게 청천벽력 같은 일이 생긴 것이지. 뭐냐면 3, 4, 5는 되지만 제곱해서 2가 되는 수는 없었던 거야."

아이들은 이야기 속에서 수학의 원리와 개념을 하나씩 듣고 각인효과를 가진다. 이야기에 포함되어 있기 때문이다.

"다 유리수로 근사값은 나오기는 하는데, 제곱해서 유리수가 되는 것이 결국은 너희가 중학교 때 배웠던 간접증명법으로 유리수라 가정하고 풀었더니 모순이 생겨. 그럼 유리수라고 가정한 것이 잘못된 것이지? 근데 이게 무리수였어. 그걸 발견한 사람이 피타고라스학파의 히파소스였어. 그런데 히파소스 때문에 학파가 발칵 뒤집혔어. 쉽게 얘기하면 우리는 예수님이 남자라고 알고 있었는데, 여자였다는 것을 알게 된 것이지. 하지만 피타고라스학파는 완전 종교집단이랬지? 그러니까 모든 성직자나 피타고라스학파에 있는 사람들이 발표하지 말라고 했는데 히파소스가 진실을 위해서 발표를 하게 되지. 그래서 결국은 물속에 빠뜨려 죽게 돼."

수학의 원리를 배우면서 비극적인 드라마의 요소까지 자연스럽게 스토리텔링으로 이야기해주니 아이들의 관심은 최고조에 도달하게 된다.

"그래서 생긴 것이 무리수야. 1의 제곱 더하기 1의 제곱은 2의 제곱이 아니다. 이처럼 제곱수가 안 되는 수, 1의 제곱 더하기 1의 제곱은 2의 제곱이 아니다. 그렇다고 해서 제곱해서 2의 제곱이 되는 수가 있어? 없어?"
"없어요!"
"그래서 $\sqrt{2}$가 생긴 거야. $\sqrt{2}$를 제곱하면 2가 된다. 이래서 무리수가 생겨난 거지."

"아, 그래서 무리수가 생겨났구나!"

이런 과정을 거친 학습은 기억도 오래 간다. 무리수를 예를 들어 수학의 역사와 무수한 에피소드를 소개하면 쉽게 이해할 가능성이 높다. 처음부터 루트를 들먹이며 유리수와 무리수의 차이를 이야기하는 것보다 훨씬 효과적이다.

수학을 이야기와 결합시키는 것, 이것이 중·하위권 아이들에 대한 스토리텔링 수학의 전략이다.

실수,
스토리텔링 훈련으로
줄어라

부모들이 시험을 망친 아이로부터 가장 많이 듣는 변명이 '실수'이다. 실수로 한 칸 내려 적었느니, 숫자를 잘못 표기했느니 하면서 망친 시험 성적을 자신의 불운으로 돌리는 학생들이 많다. 시험 성적이 나빠 꾸중을 들을까봐 하는 변명도 있겠지만, 실제로 잦은 실수로 원하는 결과를 거두지 못하는 학생들도 꽤 많다.

그런데 더 안타까운 것은 이 실수를 어쩌다 일어나 일로만 여기고 고치려 하지 않는다는 것이다. 이는 부모들도 크게 다르지 않다.

"아휴! 우리 아이가 실수만 줄여도 상위권일 텐데, 그놈의 실수 때문에 성적이 엉망이에요."

엄마의 한탄에는 속상한 마음이 가득하지만, 이미 지나간 버스를 바라보며 손을 흔드는 격이다. 게다가 이런 부모일수록 미리 실수를 줄이는 훈련을 따로 하지 않는다는 데 문제가 있다.

"제발 집중 좀 해! 네가 산만하니까 이런 실수를 하는 거잖아!"

엄마는 그저 아이를 닦달할 뿐이다. 그렇다고 해서 쉽게 실수를 줄일 수는 없다. 되려 실수에 대한 부담으로 긴장하여 시험을 망칠 수도 있다. 그럼 어떻게 해야 할까? 많은 전문가들이 수학과 관련한 실수에 대해 몇 가지 조언을 하고 있다.

> 집중력은 몰입도에 따라 다르게 나타난다. 몰입하려면 동기가 있어야 한다

우선 집중력이 문제라고 한다면, 집중력을 키울 수 있도록 먼저 배려를 하라는 것이다. 집중력은 몰입도에 따라 다르게 나타난다. 몰입하려면 동기가 생겨야 한다. 즉 적절한 동기부여로 몰입하도록 이끌어 집중력을 높이는 것이다. 어떤 목표를 제시하고 대가를 주는 것일 수도 있고, 흥미를 느끼게 하여 스스로 집중하도록 유도하는 것일 수 있다.

그리고 실수는 대체로 꼼꼼하지 못한 정리 때문에 발생하는 경우가 대부분이다. 아예 문제를 모르면 실수라고 할 수 없지만, 아는 문제를 실수로 틀리는 것은 문제풀이 과정에서 뭔가 꼼꼼하지 못했기 때문이다. 이런 경우는 수학 문제를 풀면서 암산으로 풀려는 습관 때문이다. 암산이 두뇌활동에 어느 정도 효과가 있겠지만, 쓸데없는 환상을 낳기도 한다. 암산을 잘해야 수학을 잘한다는 편견이 대표적인 환상이다. 수학에 있어서는 암산을 잘하는 것보다 자신이 풀어야 할 문제를 찬찬히 들여다보고 꼼꼼하게 시험지 위에서 손으로 풀어가는 것이 더 현명하다.

> 암산을 잘해야 수학을 잘한다는 편견이 대표적인 환상이다

종이 위에 쓰면서
문제를 풀다보면
다차원적인 문제해결능력을
키울 수 있다

사람들 앞에서 특별한 재주를 선보일 생각이 아니라면 암산에 목을 맬 이유가 없다. 또한 암산은 일차원적인 사고능력만을 필요로 한다. 즉 덧셈을 잘하거나 곱셈을 잘하거나 일차원적인 숫자의 사칙연산만을 할 뿐이다. 그러나 종이 위에 쓰면서 문제를 풀다보면 다차원적인 문제해결능력을 키울 수 있다. 더욱이 교과통합형 문제일수록 다양한 수학적 원리를 가지고 접근할 필요가 있다. 이러한 때 암산보다는 집중력을 갖고 꼼꼼하게 문제를 분석하며 풀어나간다면 실수를 줄일 수 있다.

수학도 적극적으로 표현하라

부모들을 만나면, 내가 늘 하는 이야기가 있다.

"잘하는 과목은 점점 더 잘하고, 못하는 과목의 성적은 계속 떨어질 수밖에 없습니다. 왜냐하면 아이들은 좋아하는 과목만 공부하려고 하기 때문입니다. 이는 당연한 인간의 본성입니다. 좋아하는 것을 더 찾게 되고, 싫어하는 것은 멀리하는 것이죠."

문제는 시험을 준비할 때도 자기가 싫어하는 과목은 뒤로 미루거나 아예 포기하고 만다는 것이다. 그러니 성적이 좋게 나올 리가 없다. 공부를 좀 한다는 학생이나 부모는 알 것이다. 제일 자신이 없는 과목일수록 시간 투자를 더 많이 해야 한다는 것을 말이다. 하지만 하기 싫다는 아이를 억지로 끌고 가는 것 또한 쉬운 일은 아니다. 일단 흥미가 없는 것을 어찌하겠는가.

싫어하는 과목은 시험을 칠 때도 실수가 나올 가능성이 더 높다. 관심이 없어 준비가 부족하고, 준비가 부족하니 긴장을 하고 문제에 집중하지 않았으니 당연한 결과다. 반면 좋아하는 과목에서는 실수가 거의 없다. 좋아하는 만큼 투자한 시간이 있어 준비가 철저하고, 내용에 대한 이해와 맥락 파악 등이 제대로 이루어졌기 때문에 집중력이 더 높을 수밖에 없다. 그렇다고 어쩔 수 없어요, 하는 마음으로 잘하는 과목은 성적이 계속 좋아지고, 싫어하는 과목은 거의 방치하는 수준으로 내버려둔다면 내신 성취평가제뿐만 아니라 수능에서도 좋은 결과를 기대할 수 없다.

학교 시험에서의 잘못된 습관은 나중에는 중요한 시험에서도 영향을 주어 실수를 연발하며 자멸할 공산이 매우 크다. 그런데 수학 선생으로서 가장 안타까운 것은, 아이들에게 싫어하는 과목을 물어보면 수학이 가장 높은 순위를 보인다는 것이다.

스토리텔링 스팀형 수학은 이런 취약점을 보완할 수 있다. 실수가 상대적으로 많은 중·하위권 학생들에게는 연산에 대한 부담감을 덜어주고, 달력을 외우는 마술이나 세 자리 수의 숫자 맞히기 마술, 숫자 4개를 사용하여 만드는 숫자 퍼즐, 생일 알아맞히기 등 수학적 원리가 숨어 있으면서 재미있기도 한 다양한 스토리텔링 기법을 통해 수학에 대한 집중력을 높일 수 있다. 아이들이 수학에 관심을 보이고 집중력을 보인다는 것은 동기부여에 성공했다는 뜻이다. 그렇다면 이제부터 수학은 부담스러운 과목이 아니다. 이는 실수를 줄일 수 있는 가능성

앞으로 전개될 과정탐색형은 스토리텔링 형식으로 서술하는 것을 요구한다

도 함께 높아진다는 의미다.

실수를 줄일 수 있는 또 하나의 방법으로는 서술, 즉 '쓰는 습관'을 가지는 것이다. 앞서 암산의 모험보다 서술의 정확성을 강조했다. 일단 평가 자체도 이제는 '서술형'과 '과정탐색형'이다. 지금까지의 과정탐색형은 문제의 조건 자체가 연산을 계산하고 쓰는 것이었다. 그러나 앞으로 전개될 과정탐색형은 스토리텔링 형식으로 서술하는 것을 요구한다. 과정탐색형에서는 자신의 추론 과정을 통해 평가관을 설득할 수 있어야 더 높은 점수를 받을 수 있기 때문이다.

예를 들어 페르미 추정을 통해 문제를 푸는 것도 단순히 공식을 여러 개 나열한 채로 복잡하게 궁리하는 것보다 이야기가 자연스럽게 흘러가는 것처럼 쓰면서 정리를 해야 하는 것이다. 일단 머릿속에서 흐름을 만들어본다.

> 결국 수학도 '읽기'와 '쓰기'라는 기본적인 커뮤니케이션 범주에 해당한다

"서울시 전체의 인구는 얼마이고, 그 가운데 남자를 50퍼센트라고 두자. 그 둘 가운데 절반이 남자 전용 미용실에 간다는 가정을 한다면…….."

이 과정을 종이 위에 써보면서 정답을 추론해가는 것이다. 마치 복잡한 계산 과정을 거치는 것처럼 보여도 다항식의 계산으로 간단한 원리를 찾아낼 수 있다. 스토리텔링 방식으로 쓰는 습관을 들이면 풍부한 창의력을 논리적으로 정리하면서, 그 가운데서 발생할 수 있는 실수까지 줄일 수 있도록 해준다.

결국 수학도 '읽기'와 '쓰기'라는 인간의 가장 기본적인 커뮤니케이션 범주에 해당한다. 그동안은 대학에서 수학을 전공하는 사람이 아니면 이런 말을 쉽게 이해하지 못했다. 그러나 앞으로 도입될 새 교과과

정을 통해 수학 또한 읽기와 쓰기의 영역에 포함되며, 스토리텔링의 서술형 훈련이 왜 중요한지를 알게 될 것이다.

그런데 서술형이라고 해서 간단히 보고 지금과 같이 연산에만 주력하면서 어휘력만 풍부하면 된다고 생각하면 큰 착각이다. 수학에서의 어휘력은 수학의 개념과 원리에 대해 제대로 이해하고 표현할 수 있을 때에만 발휘될 수 있다. 자신이 가진 문제해결 방법을 정확히 표현해 타인, 즉 평가관을 설득할 수도 있어야 한다. 개념이 제대로 인지되지 못한 상태에서 제대로 된 서술이 나오기란 매우 어렵다. 수학은 가장 객관적이고 과학적인 분야이기 때문에 모호한 표현이란 있을 수 없기 때문이다.

따라서 개념과 원리에 대한 이해를 갖춘 후에는, 또 아주 쉬운 문제라 하더라도 항상 쓰는 습관을 가지는 게 좋다. 풀이과정이든, 스토리텔링의 흐름이든 간에 우선 간단한 메모를 하고 나중에 확인을 한다. "아, 저는 쓰는 게 제일 싫고 귀찮은데요"라는 핑계는 말 그대로 총에 총알이 있는지 없는지도 확인하지 않고 전쟁터에 나가는 꼴이나 다름없다.

부모들도 문제를 푸는 과정에서 아이에게 빠른 시간 안에 문제를 풀라고 요구하거나 시간을 재촉해서는 안 된다. 물론 평가에서는 주어진 시간 안에 문제를 풀어야 하는 것은 맞다. 그러나 그것도 습관을 통해 많은 문제를 풀 수 있는 숙련의 과정을 거치고 난 이후의 일이다.

그러므로 앞으로는 빨리 문제를 풀라고 아이를 닦달하기보다 제대로 서술하거나 정리를 하고 있는지를 점검하며 쓰는 습관을 기를 수 있도록 배려해줘야 한다. 쓰고 표현하는 수학의 습관은 스토리텔링 수학이 지향하는 가장 모범적인 학습 패턴이다. 교과서 수업이나 체험, 탐구활동도 이 패턴에 맞춰 진행될 것이다.

수학, 수준별 학습은 어떻게 할 것인가

그렇다면 스토리텔링 스팀형 수학을 도입하면 모든 학생들이 수학을 좋아하고 잘하게 될까? 아니다. 학생들의 수준 차이는 분명히 존재한다. 그러나 예전처럼 시간이 갈수록 수준별 격차가 벌어지고 도저히 회복될 수 없는 것이라기보다, 중·하위권 학생들도 충분히 반전을 기대할 수 있는 학습환경이 제공된다. 그렇다면 스토리텔링 스팀형 수학을 상위권 학생들과 중·하위권 학생들은 어떤 의미로 바라봐야 할까?

상위권 학생들은 초등학교 저학년 때부터 이미 다양한 독서활동 등을 통해 배경지식과 스토리텔링에 대한 훈련이 자연스럽게 이루어진 경우가 대부분이다. 그래서 스토리텔링 방식의 수업에 대해 이해도가 빠를 것이다. 하지만 중·하위권 학생들은 이제야 스토리텔링을 접하면서 동기부여가 되는 수준일 것이다.

일단 수학 교과서 개편안에 따르면 어려운 부분을 뺀 교과서를 만든다고 하니 연산에 대한 부담은 덜하겠지만, 그래도 수학 문제풀이에 필요한 기본적인 연산능력은 가지고 있어야 한다. 사실 중·하위권 학생들이 연산의 심화문제를 풀지 못해서 중·하위권이 된 것은 아니다. 심화문제에 접근할 수 있는 기초가 안 되어 있기 때문이다.

수학은 결국엔 답을 맞혀가는 학문이다. 그래서 엄마들은 아이가 가장 기본적인 연산능력은 갖출 수 있도록 지도를 해줘야 한다. 다시 한번 강조하지만, 스토리텔링 스팀형 수학의 도입으로 어려운 난이도의 영역을 줄인다는 것이지 기본적인 연산능력마저 낮추라는 것은 결코 아니다.

> 스토리텔링 스팀형 수학은 기본적인 연산능력마저 낮추라는 것은 결코 아니다

중·하위권 학생이라면 심화문제에 욕심을 내기보다는, 기본을 튼튼히 하는 연산을 다지는 게 훨씬 낫다. 어차피 연산에서 심화문제는 나오지 않을 것이기 때문이다. 교육과학기술부의 내신평가도 심화문제를 통해서 서술형과 과정탐색형의 문제를 출제하는 게 아니다. 실생활 연계와 교과통합형의 서술형과 과정탐색형을 확대하는 것이 내신평가의 방침이다. 결국 기본이다. 기본이 되어 있으면 수학은 다시 흥미를 가질 수 있다. 그리고 동기부여가 된다.

수준에 맞는 학습 패턴을 만들어라

인도 경전에 나와 있는 곱셈 방법인 '격자곱셈법'은 아이들이 두 자릿수 곱셈이나 세 자릿수 곱셈을 힘들어할 때 자주 쓰는 방법인데, 쉽

고 재미있게 곱셈을 배울 수 있는 방법이다. 물론 기계적 연산이 능숙한 아이들에게는 그냥 자릿수 맞춰서 곱하고 올려주는 것이 편하다. 그러나 연산능력이 떨어지는 아이에게는 첫 도전이 재미있는 놀이의 과정이 된다. 물론 나중에는 기계적 연산을 해야 하지만, 처음부터 두려워하는 아이라면 수학에 대한 낯가림을 없애주는 효과가 있다.

격자곱셈법

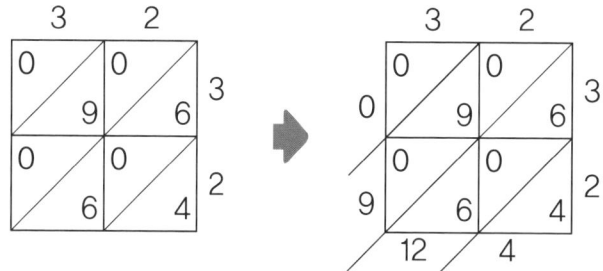

격자곱셈법을 칠판이나 종이에 그려서 보여주면, 아이들은 신기해한다. 마치 게임처럼 와 닿으면서 수학의 즐거움을 깨달아간다. 격자곱셈법뿐만 아니라 달력을 외우는 마술 매우 효과가 크다. 예를 들어 2012년 5월 1일이 화요일이면, 2013년 5월 1일은 무슨 요일인지를 묻는 퀴즈를 내면 기계적 연산에 익숙한 아이들은 일일이 계산을 해야 한다. 그런데 수학적 원리가 숨어 있는 달력의 스토리텔링을 통해 놀이식으로 가르치면 금세 답을 맞출 수 있다.

초등학교 저학년 때는 스토리텔링적인 요소가 약간 가미될 뿐, 스토리텔링으로 전부를 채우지는 않을 것이다. 새롭게 바뀐 평가혁신의 창의 개방형, 의사소통 능력을 키우기 위해서는 1, 2학년 때 수학 동화

수학적 원리가 숨어 있는
스토리텔링을 통해
놀이식으로 가르치면 금세
답을 맞출 수 있다

를 통한 대화식 교육방법이 가장 적절할 것이다. 수학 동화를 통해 아이들의 흥미를 높이고, 이야기 장면마다 아이가 어떻게 생각하는지 물어보고 이야기하게 하는 식의 대화를 이끌다보면 자연스럽게 창의 개방형과 의사소통 능력이 키워질 것이다. 그래서 초등 1, 2학년에서의 수학 학습 전략이라고 한다면 아무래도 연산을 기본으로 하면서 스토리텔링적인 요소를 가미한 학습 형태가 될 것이다.

초등학교 1, 2학년을 대상으로 방과 후 수업을 해보면 사실 극명한 차이가 보인다. 어떤 아이들은 연산이 기본적으로 안 되어 있는 반면, 어떤 아이들은 엄마들이 연산을 많이 시킨 것을 알 수 있었다. 또 상위권 아이들이 가장 많이 관심을 가지는 부분은 사고력 수학이었고, 조금 더 앞선 아이들은 스토리텔링 수학에 관심이 많았다. 이렇듯 초등학교 저학년 때는 종잡을 수 없는 학습 수준과 패턴을 보인다. 그러다가 초등학교 3학년이라는 과도기를 거쳐 고학년의 시작인 4학년이 되면 본격적인 수학 학습을 시작하게 된다.

초등학교 1, 2, 3학년은
스토리텔링적 요소가 있어도
가장 근간이 되는 것은
연산능력이다

초등학교 1, 2, 3학년은 아무리 스토리텔링적인 요소가 있더라도 가장 근간이 되는 것은 연산능력이다. 그래서 이때 반드시 잡아야 될 습관 중 하나가 앞에서 언급했던 수학을 쓰면서 푸는 습관이다. 연산이 빠른 아이들은 머릿속으로 암산을 하기도 하는데, 이런 습관은 이후에 아이들에게 치명적인 약점이 될 수 있다. 따라서 탄탄한 연산능력과 더불어 수학을 쓰면서 푸는 습관을 초등 저학년 때 확실하게 몸에 배도록 해야 한다.

초등학교 4학년에 올라가면서 아이들의 수학 실력이 극명하게 드러나기 시작하는데, 잘하는 아이들과 못하는 아이들로 나누어진다. 그래서 초등학교 3, 4학년부터 본격적으로 해야 하는 것이 사고력 부분에 대한 공부이다. 그런데 지금까지는 사고력 영역이라고 하면 창의 사고력이라는 개념으로 여겨져 문제 위주의 연습이 대부분이었다. 하지만 앞으로는 보다 폭넓은 사고력 훈련이 필요하다. 창의 개방형은 특정한 답이 없는 다답형의 문항이다. 초등학교 3, 4학년 평가에 본격적으로 출제되기에 다답형의 창의 개방형 수학 문제를 많이 풀어봐야 할 것이다. 뿐만 아니라 스토리텔링 융합형 수학, 즉 융합 수학도 본격적으로 준비해야 한다.

융합 수학의 핵심은 단순히 문제풀이 위주의 사고력을 하지 말라는 것이다. 왜냐하면 지금 배워야 할 수학 단원이 어떤 이유에서 탄생을 했고, 또 이 단원이 인류 문명과 어떻게 발달해왔는지 등의 과정을 배워서 수학적 원리를 폭넓게 확대시키겠다는 취지이기 때문이다. 이것과 관련된 실생활 연계형이나 교과통합형의 문제를 가지고 서술형이나 과정탐색형의 형태를 확대할 예정이다.

> 수학이 빠른 초등학교 3, 4학년이라면 본격적으로 사고력 공부를 시작해야 한다

수학이 빠른 초등학교 3, 4학년이라면 본격적으로 스토리텔링적 요소를 가지고 있는 사고력 공부를 시작해야 한다. 반면에 3, 4학년이라도 중·하위권 아이들의 경우에는 부족한 연산 부분을 제대로 다지는 것이 더 중요하다. 수학은 철저하게 역피라미드 관계이다. 수학은 방정식, 일차방적식, 연립방정식, 이차방정식, 고차방정식이기 때문에 하위 단계에서 제대로 실력을 갖추지 않으면 방정식도 제대로 풀지 못

하고, 수 연산도 안 되고 자꾸 실수를 거듭하게 된다. 그러면 방정식은 어려워서 포기하게 되고 함수나 부등식은 엄두도 못 낸다.

간단히 말하자면, 방정식이나 함수나 부등식은 사실 큰 의미에서 한 가지 파트이다. 방정식 한 영역에서 끝나는 게 아니라 함수도 영향을 받고, 부등식도 영향을 받는다. 당연히 아이나 부모는 수학 포기자의 길로 들어서게 된다.

저학년이나 중·하위권 수준의 학생에게 가장 필요한 일은 성적에 조바심을 갖지 않는 것이다. 연산능력과 관련한 학습은 양날의 칼과도 같다. 대부분의 엄마들이 아이가 저학년 때는 학습지를 통해 반복적인 연산 학습을 많이 시키는데, 이것이 숙련도를 높이는 장점도 있지만, 한편으로는 수학에 대한 흥미를 떨어뜨릴 수 있는 단점이 있다.

학습지 위주의 공부를 한 초등학교 3, 4학년 아이들과 고학년으로 올라갈수록 수학 성적이 떨어지는 아이들은 참고서 위주의 공부를 할 필요가 있다. 참고서는 동일 학년이어도 레벨별로 잘 나누어져 있어 단계별 학습이 가능하다. 예를 들어 '왕수학'만 하더라도 『기본 왕수학』, 『점프 왕수학』, 『올림피아드 문제』가 있다. 초등학교 3, 4학년 아이들은 문제집을 기준으로 교과과정과 연계되어 있는 것을 반복해서 풀어보는 것이 훨씬 효과적이다. 아이에게 맞는 수준별 참고서를 서너 권 골라서 반복해서 풀어보고, 비슷한 난이도의 다른 문제집도 풀어보는 것이다.

고학년으로 넘어가는 시점에는 학습지보다는 틀렸던 문제들을 다시 푸는 게 낫다

또한 고학년으로 넘어가는 시점에는 틀렸던 문제들을 뽑아서 아이에게 다시 풀게끔 점검을 해줘야 한다. 새롭게 아는 것도 중요하지만,

그보다 더 중요한 것은 틀린 문제를 다시 틀리지 않고 내 것으로 만드는 것이므로 단계별 수학 학습 전략과도 잘 맞아떨어진다.

특히 수학일수록 수준별 학습 전략은 매우 중요하다. 학습 전략이 불분명하면 공부의 과정도 쉽게 흔들릴 수밖에 없다. 그렇다면 초·중·고등학생들의 수준별 학습 전략에 대해서 간단히 정리해보자.

● 고등학생

상위권 학생

내신과 수능, 수리논술 등을 효율적으로 학습할 수 있도록 전략을 수립해야 한다. 내신과 모의고사, 수리논술 공부를 각각 하기보다는 공부하는 단원에 해당하는 내신 기출, 모의고사 기출, 수리논술 이론과 기출 공부를 한꺼번에 하는 것이 효과적이다. 예를 들어 수1의 수열 점화식을 공부할 때, 관련된 이탈리아 수학자인 피보나치의 '피보나치 수열'을 공부하고, 다빈치코드의 암호문, 꽃잎의 수, 조개의 나선 모양 등 자연현상의 피보나치 수열을 살피고 논술 기출 문제를 풀어보는 것이다.

중·하위권 학생

중·하위권 학생들은 수학 성적을 올릴 기본기가 부족한 경우가 대부분이다. 이때는 유형별로 정리되어 있는 교재를 선택하여 대표적인 유형들을 파악해서 자신의 것으로 만드는 과정이 적절한 전략이 될 수 있다. 왜냐하면 시험에 자주 출제되는 유형들을 대분류·중분류·소분류를 구분하여 그 흐름을 꿰뚫고 있어야 어떤 문제가 나오더라도 당황하지 않고 문제풀이에 접근할 수 있다.

중·하위권 학생들의 경우에는 기본적으로 수학에 대한 두려움이 크다. 그래서 알고 있는 문제인데도 긴장하여 제대로 풀지 못하는 경우가 많으므로 우선 출제 유형에 익숙해질 필요가 있다.

● 중학생

상위권 학생

명문대에 진학할 수 있는 수학 실력은 고등학교 1학년 여름방학 때까지 70~80퍼센트가 결정된다고 생각한다. 그리고 중학교 내신은 불과 2단원이지만, 고등학교 내신은 일반적으로 8~10단원이다. 중학교와는 양과 깊이가 다르기 때문에 중학교 때 체계적인 자기주도학습 습관을 키우면서 적절한 선행학습을 하는 것이 좋다.

중·하위권 학생

내신이 잘 안 나오는 경우가 대부분이다. 선행학습보다는 자기 학년의 내신을 위해 서너 권의 문제집을 반복하여 풀어보는 훈련이 중요하고 'step by step'의 전략이 필요하다. 예를 들어 60~70점대인 학생은 90점대가 되기 위한 문제풀이보다는 80점대가 되기 위한 문제풀이가 현실적이고 중요한 포인트이다.

● 초등학생

상위권 학생

초등학교 3, 4학년부터는 연산 문제와 더불어 사고력 공부를 시작한다. 대학 입시와 특목고 시험과는 아직 거리가 멀기 때문에 동기 부여와 수학 실력 점검을 위해 사설 기관의 경시를 한두 군데 정해서 꾸준히 응시하는 것도 좋다. 초등 수학 경시는 대부분 교과 심화나 사고력 문항이기 때문에 꽤 도움이 된다.

중 · 하위권 학생

수학 성적이 안 오르는 이유 중에는 잘못된 수학 학습 습관이 대부분이다. 특히 쓰는 습관이 안 되어 있어서 잦은 오답이 나오고, 점점 수학 공부에 대한 흥미를 잃는 경우가 많다. 흥미가 떨어지는 아이들에게 난이도 높은 문제집은 금물이다. 그보다 스토리텔링 수학 교과서에 대비하여 수학 원리의 이해를 돕는 이야기 수학책들을 통해 흥미를 갖게 하는 것이 바람직하다.

새로운 평가 혁신의 예시 문항을 살펴보면 초등학교와 달리 중·고등부의 경우 수학 단원과 연계한 실생활 연계형, 교과 융합형의 배경지식을 요구하는 논술형 문항이 나오고 있다. 가령 논술형 문제의 풀이 시간이 10분이라고 한다면 지문의 배경지식을 충분히 숙지하고 있는 경우 8~9분 정도 논술할 수 있는 시간이 남게 되겠지만, 생소한 지문이라면 이 지문을 이해하는 데 4~5분은 소요될 것이기에 논술할 수 있는 시간은 5~6분밖에 남지 않게 될 것이다.

영어 토플 성적을 올리기 위해서는 배경지식이 필수이듯이 새로운 평가 혁신의 중등 내신을 위해서는 수학 단원과 연계한 실생활 연계형, 융합형의 배경지식이 필수이다.

수영장 미끄럼틀에도 수학이 숨어 있다

어린이에게 특히 인기 있는 롤러코스터나 수영장 미끄럼틀에도 수학적 비밀이 숨어 있다. 일명 '사이클로이드(cycloid)의 원리'가 그것. 사이클로이드란 '하나의 원(圓)이 직선 위를 회전할 때 그 원 위의 한 점이 그리는 궤적'을 말한다. 이를테면 한밤중 바퀴에 야광등이 설치된 자전거를 타고 이동할 때 그 야광등이 그리는 움직임이 바로 사이클로이드다. 사이클로이드의 성질을 처음 발견한 이는 프랑스 수학자 블레즈 파스칼(Blaise Pascal)이다. 사이클로이드란 이름을 붙인 이는 이탈리아 천문학자 겸 수학자 갈릴레오 갈릴레이(Galileo Galilei)로 알려져 있다.

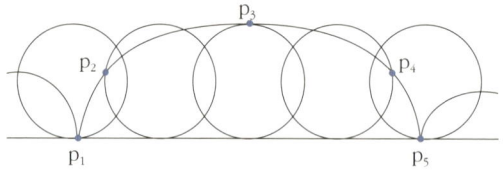

1658년 지독한 치통으로 고생하던 파스칼은 사이클로이드에 대한 기하학적 착상이 떠오르자마자 고통이 감쪽같이 사라졌다고 한다. 이후 그는 이를 '신의 계시'로 여기고 8일간 관련 연구에 몰두해 사이클로이드에 관한 문제를 여러 건 해결했다. 여기서 퀴즈 하나, 직선·사이클로이드·원호(圓弧) 형태의 미끄럼틀 위에서 동시에 공을 굴리면 어떤 공이 가장 먼저 바닥에 도착할까?

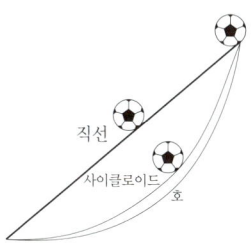

정답은 '사이클로이드 형태의 미끄럼틀'이다. 사이클로이드 곡선 위에선 위치별로 기본 가속력에 가속을 더하는 '변하는 가속력'이 작용하기 때문이다. 실제로 사이클로 이드 곡선은 직선보다 길면서도 공이 더 일찍 도착해 '최단강하곡선'이라고도 불린다. 사이클로이드의 성질은 전통 한옥의 지붕 장식인 기와에서도 발견된다. 기와가 사이 클로이드 곡선 형태를 띠는 덴 그만한 이유가 있다. 나무를 주된 재료로 하는 한옥의 특성상 빗물이 기와에 스며들지 않고 배수가 원활해야 건물 부식을 막을 수 있기 때문 이다.

생각해보기
사이클로이드 형태의 미끄럼틀 위에서 공을 굴린다고 생각해보세요.
① 꼭대기 ② 3분의 2 지점 ③ 중간 지점 높이에서 각각 굴렸을 때 가 장 먼저 바닥에 닿는 공은 어떤 것일까요?

수학 평가, 실생활 연계 늘고 논술형도 추가

2012년 경기도교육청이 치른 중등부 창의서술형 평가 문항 5개(총 40점)의 구성을 살펴보면 연산형 문항이 1개(5점), 실생활 연계형 문항이 3개(문제당 8점 또는 11점), 교과통합(논술)형 문항이 1개(18점)였다. 전년도와 비교해 전체 문항 수는 줄었지만 실생활 연계형 문항 비중이 늘고 논술형 문항이 추가된 점이 눈에 띈다. 논술형 문항의 배점이 특히 높다는 사실에도 유의해야 한다. 이 중 중학교 2학년 논술형 문항의 예시를 살펴보겠다.

문제 다음은 이솝 우화 「영리한 까마귀」에서처럼 까마귀가 병 속 먹이를 먹기 위해 어떤 꾀를 썼는지 확인하는 실험이다. 제시문을 읽고 물음에 답하시오.

물이 120㎖를 초과하면 넘치는 눈금실린더를 수평 바닥에 고정한 후, 눈금실린더 안에 물 위에 뜨는 먹이를 넣고 물을 61㎖까지 채웠다. A와 B 총 10개의 돌멩이를 눈금실린더 옆에 준비해뒀더니 까마귀는 이 돌멩이들을 눈금실린더 속에 모두 집어넣어 수면 높이를 올린 후 먹이를 건져 먹었다. 물이 넘치지 않으면서 까마귀가 먹이를 건져 먹을 수 있는 수면의 높이는 115㎖ 이상이다. (단, 실험에 사용한 A 돌멩이 1개의 부피는 7㎖, B 돌멩이 1개의 부피는 5㎖이다. 또한 두 돌멩이는 같은 재질로 모두 물 속에 가라앉는다.)

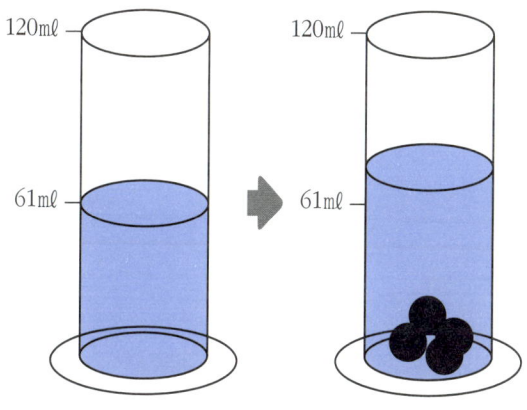

물이 넘치지 않으면서 까마귀가 먹이를 건져 먹게 하기 위해 실험자가 A 돌멩이와 B 돌멩이를 각각 몇 개씩 준비해야 하는지 모든 경우를 구하고, 그 경우 중 까마귀가 쉽게 눈금실린더에 돌멩이를 넣는 경우를 선택해 그 이유를 논술하시오. (단, A 돌멩이는 B 돌멩이보다 무겁다.)

Part 04

엄마는
매니저!

지금까지 어머니들은 아이가 초등학교 저학년일 때는 웬만한 공부는 직접 가르쳤습니다. 그러나 아이가 고학년으로 갈수록 공부를 봐주기가 점점 어렵다 보니 학원에 맡겨버립니다. 그게 과연 좋은 방법일까요?

신동엽 대표와의 마지막 자리는 묘한 긴장감이 흘렀다. 지금까지 화기애애한 분위기로 이어진 모임은 엄마들도 수학의 매력에 푹 빠지는 자리이기도 했다. 그러나 오늘은 신동엽 대표가 수학뿐만 아니라 공부 전반에 대해 엄마들의 역할을 강조하는 이야기로 모임을 시작한 것이다.

 아휴, 선생님. 갑자기 부담스러워지네요. 흠…… 아무튼 그게 현실이잖아요. 고학년 공부는 우리가 봐주기에는 너무 어렵다니까요.

 하하. 좀 부담스러우시죠? 이제 모임이 끝나가니 가장 중요한 이야기는 해야 할 것 같아서요.

 그 중요한 이야기가 좋은 학원 추천해주시는 거예요?

에이그, 설리 엄마는 또 설레발친다. 지금 학원에 맡겨버리는 게 과연 좋은 것이냐고 물으시잖아. 하여튼 센스가 형광등이라니까!

설리 엄마의 형광등 센스에 모두 웃음이 터졌고 긴장되었던 분위기가 살짝 가벼워졌다. 잠시 웃으며 농담을 주고받는 사이 옷매무새를 가다듬은 신동엽 대표가 진지한 얼굴로 말을 이어갔다.

 사실, 요즘 어머니들은 과거의 우리 어머니들보다 몸은 편해졌을지 모르지만 마음은 더 고달픈 것 같습니다. 그렇지요? 예전처럼 아이를 종일 끼고 앉아 있을 수도 없죠. 그렇다고 학원에만 맡겨버리는 게 능사가 아니란 것도 잘 아실 거예요. 그럼 어떻게 해야 할까요?

 네, 맞아요. 그게 답답한 거죠. 저를 비롯해 대부분의 엄마들이 학원에 아이를 보내놓고 마냥 여유로운 시간을 보내는 것은 아니거든요. 그리고 이 모임에 오고 싶어했지만 직장 때문에 오지 못했던 106동 언니도 아이를 학원에 온종일 맡기고 있는 셈인데, 걱정이 태산이라고 하던데요. 학교에서는 집에서의 교육도 중요하다고 하시는데, 다 큰 애들 데리고 뭘 어떻게 해야 하는지 모르겠어요. 좀 아는 체라도 하면 성질부터 내니…….

 그래서 저는 어머니들께 아이들의 매니저, 아니 컨설턴트가 되라고 말씀을 드리는 겁니다.

 매니저? 컨설턴트는 또 뭐예요?

엄마들은 신동엽 대표의 말에 서로의 얼굴을 바라보았다. 그러자 신동엽 대표는 예상했던 반응인 듯 빙그레 웃음을 지었다.

매니저는 엄마들이라면 누구나 다 하고 있는 것입니다. 말 그대로 스케줄을 짜고 그 스케줄대로 움직이게 하는 것이 매니저의 역할이죠. 물론 매니저의 역할은 중요합니다. 반짝 스타는 운이지만, 존경받는 스타가 되는 것은 매니저 덕이라는 이야기도 있잖아요?

 그럼 컨설턴트는 뭐죠?

 그런데 저는 단지 스케줄만 짜서 아이를 그대로 움직이게 하는 매니저로만 머물러서는 안 된다고 생각합니다. 부모라면 누구나 아이의 장래에 대해서 고민을 하잖아요. 컨설턴트는 아이의 장래, 즉 미래를 위해 아이와 아이를 둘러싼 환경을 객관적으로 분석하여 아이가 지혜로운 선택을 할 수 있도록 도와주는 역할을 말합니다.

희망이 엄마는 아이에게 엄마는 매니저라는 이야기를 들은 적이 있었다. 그런데 그 말에 왠지 거부감이 들었던 것도 사실이다. 연예인처럼 하루 종일 아이 곁에서 통제하는 것 같아서였다. 그러나 신동엽 대표는 매니저의 역할이 필요한 것은 사실이지만 점점 컨설턴트로 진화를 하라고 주문했다.

 아이의 컨설턴트가 되면, 소통과 자율을 통한 공부 습관을 갖게 할 수 있습니다. 그러니 여기 계신 어머니들께서도 아이의 고민을 근본적으로 해결해주고 문제해결의 단초를 마련해주는 컨설턴트가 되시기를 바랍니다.

희망이 엄마는 집으로 돌아오자마자 오래된 일기장을 꺼냈다. 희망이가 태어나기 전후로 썼던 육아 일기를 펼쳐든 희망이 엄마는 옛 추억이 떠올랐다. 하루하루 자라는 희망이를 보며 썼던 그 일기장에는 공부 잘하는 희망이가 아니라, 오직 행복한 희망이에 대한 소망만이 가득했다.

 맞아. 희망이는 엄마의 꼭두각시가 아니야. 내가 바랐던 것은 언제나 행복하고, 스스로의 삶을 개척해나가는 희망이었어. 무엇이 진정 희망이를 위한 일인지는 이제부터 하나씩 찾아나가야겠다.

희망이 엄마는 오래된 일기장을 덮고 새로운 노트를 펼쳤다. 그리고 맨 앞장에 뭔가를 적었다.

"생각이 당신의 삶을 지배한다."

엄마는
수학 공부의 매니저이다

한때 극성스러운 엄마들의 지나친 행동을 일컬어 치맛바람이라고 했다. 치맛바람만으로는 부족했을까? 이젠 '헬리콥터맘'이라는 말까지 생겼다. 평생을 자녀 주위를 맴돌면서 자녀의 일이라면 무엇이든지 발벗고 나서며 자녀를 과잉보호하는 엄마들을 지칭한다. 헬리콥터맘은 착륙 전의 헬리콥터가 뿜어내는 바람이 거세듯 거센 치맛바람을 일으키며 자녀 주위에서 맴도는 어머니를 빗댄 용어다.

최근 우리나라 엄마들은 아이를 키우는 게 아니라 비즈니스를 한다는 말도 있다. 성적을 높이고 성공적인 사회인으로 키워내는 과정을 비즈니스로 보는 것이다. 아이의 성적 향상과 성공을 위해서라면, 경제적인 고통도 감수하고 본인의 잠을 줄여가며 아이와 함께 수험생활을 한다. 아이의 일정이 곧 엄마의 일정이기도 하다. 그렇게까지 아이를 품에서 놓지 않고 열심히 공부를 시키지만, 정작 아이들의 생각은 다른 것 같다.

어느 교육 전문가가 쓴 책에서 본 글이 있는데, 아마도 엄마들은 충격을 받을 것이다. 공부에 가장 도움이 되는 요소 중에서는 엄마의 순위가 6위인데, 공부에 방해되는 요소 중에서는 3위를 차지하더라는 것이다. 즉 그렇게 애써왔건만 엄마는 공부에 도움이 되지 않는 성가신 존재로 전락하고 만 것이다.

헬리콥터맘의 뜨거운 열정은 헌신이라기보다 대리만족과 지나친 간섭으로 아이를 주눅 들게 한다. 때로는 지나친 열정으로 학원비라도 벌기 위해 식당에서 일하는 것도 마다하지 않는다. 어디 그뿐인가. 아이의 정서가 어떻게 되는지에 대한 고민보다 조기유학이 유행이라고 무리하게 외국으로 어학연수를 떠나는 바람에 이 땅에는 기러기 아빠가 넘쳐난다.

엄마의 열정이
아이의 숨어 있는 재능을
이끌어내기도 한다

물론 갈수록 경제도 어려워지고 미래가 불투명한 이 사회에서 아이의 장래를 위해 희생하는 엄마들을 마냥 욕할 수는 없다. 때론 엄마의 열정이 아이에 대한 간섭이 아니라 진정한 헌신이자, 아이의 숨어 있는 재능을 이끌어내기도 하기 때문이다.

"나의 게으름과 안이함으로 아이의 재능이 꽃피지 못하고 접힐까봐 두려웠습니다. 그래서 학교 다닐 때보다 더 열심히 공부했고, 연애할 때보다 더 열렬히 아이에게 몰두했습니다."

김연아 선수의 어머니가 자식의 성공을 위해 얼마나 헌신했는지 알 수 있는 대목이다. 우리나라의 피겨스케이트 분야가 얼마나 척박한

가. 김연아 선수의 성공에 있어 어머니의 헌신이 아주 큰 역할을 했다는 것은 누구나 다 인정한다. 그녀는 기자들이 교육법에 대해 물을 때마다 "나를 위한 고민인지, 아이를 위한 고민인지 판단해야 합니다"고 말한다. 부모가 만든 잣대가 아닌, 있는 그대로의 아이를 봐야 한다는 것이다. 그녀는 가장 가까운 거리에서 집중력을 가지고 아이를 바라보았다. 마치 매니저처럼 말이다.

매니저에서 컨설턴트로 진화하라

매니저는 스타에게 직접 연기나 노래를 가르치지 않는다. 매니저의 역할 중에서 가장 중요한 것은 소속 연예인이 최고의 컨디션을 유지하도록 관리하는 것이다. 연예인이 뭔가를 배워야겠다는 생각이 들면 스케줄을 짜고 최상의 컨디션에서 연습을 할 수 있도록 도와주는 보조적인 역할을 충실히 수행한다. 이 모든 게 스타가 주도하는 관계에서 벌어진다.

나는 일단 엄마와 아이의 관계를 매니저와 스타의 관계로 보아야 한다고 생각한다. 사실 엄마들도 잘 알고 있다. 지나친 간섭과 헬리콥터맘의 폐해를 말이다. 당장은 엄마의 기세에 눌려 고분고분 말을 듣지만, 사춘기가 되면 때로는 강압적인 엄마에게 반발을 하며 공부 자체에 흥미를 잃을 수도 있다. 그렇다고 "혼자서 잘하겠지"라며 방관만 할 수도 없는 노릇이다.

사회에 나가기도 전에 수많은 경쟁에 지쳐버린 우리 아이들, 엄마 입장에서는 결코 손 놓고 있을 수만은 없다. 그렇다면 어릴 때부터 관리되어 온 우리 아이들의 세계적인 경쟁력은 어떨까? 안타깝게도 상당히 비효율적이라는 것은 여러 통계 수치에서도 알 수 있다. 그중에서 2003년 PISA(국제학업성취도조사)에서 우리나라와 비슷한 수준인 핀란드 학생들과의 비교를 한번 보자.

평일 기준 우리 학생들의 전체 공부시간은 8시간 55분이다. 학업성취도가 비슷한 핀란드는 4시간 22분, 일본은 6시간 22분이다. 대한민국 학생들이 두 배나 더 오랜 시간 공부를 하는데 성적은 비슷하다는 말이다. 물론 경쟁의 환경이나 비율을 고려해야겠지만, 너무나도 선명히 비교되는 공부의 효율성이다. 우리나라 사람들이 봤을 때, 터무니없는 일상을 보내는 핀란드 학생들의 학업성취도가 비슷하다니 왠지 억울하기까지 하다.

우리나라 학생들은 공부에 대한 압박감으로 오고 가는 버스 안에서 단어장을 외우고, 화장실 가는 시간을 아껴가며 공부한다. 급기야 정신과를 찾고 우울증 약을 먹고 집중력 약을 먹는 아이들도 있다. 그게 우리 아이들의 현실이다. 성적이 나쁘게 나왔다고 자살하는 학생들이 매년 속출하는 나라. 이런 불행에 일조하는 것이 바로 엄마들의 잘못된 자식 교육이다.

엄마는 매니저여야 한다. 그것도 아이가 하루 종일 책상 앞에 앉아 있도록 감시를 하는 수준 낮은 매니저가 아니라, 스타의 격에 맞는 뛰어난 매니저여야 한다. 아이의 심리적인 상태를 포함해서 모든 것을 가장 잘 파악할 수 있는 사람은 엄마뿐이기 때문이다.

따라서 수학은 숙제가 많고 까다로운 과목이 아니라, 재미있게 즐기는 놀이로 인식시켜주는 것도 매니저인 엄마의 역할이 될 것이다. 프로 스포츠 선수들에게 훌륭한 매니저는 성적에 대한 압박보다 경기 자체를 즐길 수 있도록 지도하는 매니저라고 한다. 재미있게 즐기는 동안 오히려 선수 본인이 가지고 있는 장점이 극대화되어 좋은 결과를 낳는다는 것이다. 체조 요정 손연재 선수의 어머니는 딸이 성적에 스트레스를 받을 때마다 "운동이 잘될 때도 있고, 안 될 때도 있다. 엄마는 그냥 네가 행복했으면 좋겠다"면서 다독였고, 그것이 오히려 더 큰 힘이 되었다고 한다.

> 대화를 통해 아이와 정서적인 거리를 좁히고, 스스로 공부할 수 있는 환경을 만드는 것에 주력

수학 공부도 마찬가지다. 아이가 고학년으로 올라가고, 또 상급 학교로 진학하면 공부 지도는 물론이고, 생활 지도도 힘들어질 수밖에 없다. 그때는 대화를 통해 아이와 정서적인 거리를 좁히고, 공부의 목표와 의미를 공감하고, 스스로 공부할 수 있는 환경을 만드는 것에 주력하는 것이 좋다. 그리고 오직 아이가 스스로 계획한 공부 패턴을 제대로 지키는지에 대해서만 지도해야 한다.

아이가 사춘기를 겪을 때는 엄마의 매니저 역할은 난관에 부딪힐 수 있다. 어떤 조언도 그저 잔소리로만 여겨져 대화 자체가 단절되기도 한다. 이는 거의 모든 가정에서 겪는 성장통이다. 그렇기 때문에 가급적 사춘기 이전에 스스로 공부할 수 있는 환경과 자기주도학습 습관을 갖출 수 있도록 매니지먼트를 하는 것이 좋다.

매니저의 기본적인 역할을 습관화했다면, 그 다음 단계로는 컨설턴트가 되어야 한다. 컨설턴트는 단순히 공부 환경을 제공하고 스케줄을

관리하는 역할에 그치지 않는다. 컨설팅, 즉 현재 상황에 맞춰 앞으로의 계획과 목표, 비전을 세울 수 있도록 지속적으로 도와주는 역할을 해야 한다. 이는 말처럼 쉽지 않다. 그저 따뜻한 조언만으로는 컨설팅이라 할 수 없다. 컨설턴트가 되려면, 아이의 과거와 현재, 그리고 미래에 대해 정확히 판단할 수 있어야 한다. 그렇게 하기 위해서는 아이의 지난 과거에 대한 냉철한 평가, 그리고 현재의 모습에 대한 치밀한 관찰이 선행되어야 한다. 자신의 아이는 엄마가 잘 아는 법이다. 이때 엄마는 객관적이어야 한다.

"우리 아이가 머리는 좋은데, 친구를 잘못 만나서 성적이 떨어졌어요."

"얘가 공부를 하려고 들면 제법 할 텐데, 단지 성격이 좀 게을러서……."

대부분의 엄마들은 아이가 가지고 있는 허물을 감싸 안으려 한다. 어찌 보면 엄마로서는 당연하다. 그러나 컨설턴트가 되고자 하는 엄마라면 냉정해져야 한다. 가장 성공적인 컨설팅은 가장 객관적일 때 가능하다고 이야기했다. 그래서 컨설팅 보고서를 만들 듯 차분하게 아이에 대해서 정리해보는 시간을 가지는 것이 좋다. 아이가 자라는 동안 성격이나 신체적인 변화를 포함하여 주로 공부와 관련된 메모를 하는 것이다.

가장 성공적인 컨설팅은 가장 객관적일 때 가능하다

아이에 대한 객관적인 평가를 통해 장점과 약점을 분석하여 보완점을 찾아주고, 또 장래를 비롯한 앞으로 나아갈 길에 비전을 제시하는 것이 컨설턴트인 엄마가 해야 할 일이다. 엄마가 컨설팅 계획과 원칙을 세운 뒤에 학교 선생님이나 학원 강사의 조언을 구하는 것도 좋다.

물론 그 이전에 아이와의 충분한 대화와 소통이 기본임은 말할 필요도 없겠다. 또한 주위의 급변하는 환경에도 흔들리지 않고 아이의 비전을 실현시킬 수 있는 확고한 원칙도 필수조건이다. 엄마가 흔들린다면, 결국 아이도 흔들릴 수밖에 없기 때문이다.

수학 공부는
관리, 자율, 소통, 습관이다

다음은 '사랑은 미지수'라는 노래 가사입니다. "사랑하는 그대, 미소 짓는 눈으로……." 위 노래 가사에 등장하는 '미지수'는 어떤 속성을 표현하는 것인지 말해보세요.

예전에는 논술에 해당하는 지문이 이제는 수학 문제에 버젓이 나오고 있다. 이렇게 학습 내용과 환경은 큰 변화를 겪고 있는데, 정작 부모의 마음가짐이나 태도가 바뀌지 않는다면 그 피해는 고스란히 아이에게 갈 수 밖에 없다.

공부와 관련해서 엄마의 유형은 크게 두 가지였다.

첫 번째는 아이를 눈앞에 앉혀놓고 직접 가르치겠다고 고집하는 엄마이고, 또 하나는 아이가 자기 방에서 공부를 하는 동안 거실에서 드라마를 보고 있다가 "숙제 다 했니?"라며 체크만 하고, 아직 다 못했고 하면 혼내는 엄마였다.

그러나 엄마는 튜터가 아니다. 앞서 말한 것처럼 매니저이자 컨설턴트여야 한다. 튜터는 엄마가 아니더라도 대신 해줄 사람이 많다. 학원 강사, 과외 선생님, 학습지 선생님 등 튜터로서의 역할을 해줄 사람들은 언제든지 구할 수 있다.

자기주도학습과 관련해서 나는 무엇보다 그 시기가 중요하다고 생각한다. 그런데 아이가 스스로 자기주도학습의 습관을 가질 수 있는 시기임에도 오히려 엄마가 직접 통제를 하면서 가르치는 경우를 자주 보았다. 초등학교 수학쯤은 충분히 가르칠 수 있다는 자신감으로 말이다. 물론 사교육의 힘을 빌리지 않고 홈스쿨링이 가능하다면 그보다 좋은 것은 없다. 그런데 자기주도학습의 습관을 들일 수 있는 시기에는 엄마가 붙들고 있다가, 아이가 중학교에 올라가면 학원에 맡겨버린다. 정작 중요한 시기를 놓쳐버린 아이는 스스로 공부하는 습관을 기르기는커녕, 점점 더 타인에 의해 공부를 하는 꼭두각시가 되고 만다.

꼭두각시 조종자가 아니라 동반자가 돼라

어렸을 때부터 엄마와 함께 공부해온 아이들은 엄마와 있는 것을 자연스럽게 받아들이지만, 그동안 학습지 선생님이나 과외 선생님에게 맡겨지고 숙제도 혼자서 해결하게 했다면, 어느 날 갑자기 엄마가 "자, 이제부터 엄마가 함께 숙제하자"라고 말하는 순간 아이는 부담을 느낀다. 이때는 함께 한다는 것이 곧 감시를 하겠다는 의미로 받아들여지는 것이다.

이런 아이들은 자라서 중학생, 고등학생이 되면 "제가 알아서 할게요"라고 대답을 하며 거리를 둘 수도 있다. 반면 어렸을 때부터 늘 엄마가 옆에서 함께 해왔다면 아이들은 엄마와의 소통 자체를 거부하지 않는다.

이쯤 되면 엄마들은 내게 불만을 털어놓는다. "저라고 공부를 봐주고 싶지 않겠어요. 하지만 요즘 아이들 교과서가 좀 어려워야죠. 그럴 역량이 아닌걸요." 물론 엄마가 척척박사 선생님은 아니다. 오히려 해결하지 못할 때가 더 많다. 그럴 때는 아이와 의논을 해서 한두 번 정도 외부에서 도움을 받을 수도 있다. 예를 들어 방정식을 힘들어하면 방정식을 잘 설명해줄 선생님을 모셔다가 특강을 듣는 등의 방법을 취하면 된다. 어떤 방식을 택하든지 간에 공부에 있어 엄마는 너를 돕고 있다는 인상을 아이에게 심어주면 된다.

아이가 지금 무엇 때문에 힘든지 이야기를 하고 싶을 때, 엄마가 부담스럽고 불편한 존재이기를 바라는가. 엄마는 감시자이자 억척스러운 존재로서의 역할을 벗어버리고 언제든 아이 편에서 도움을 주는 존재로 인식되어야 한다. 그럼 중학교와 고등학교에 올라가면서 사춘기를 겪더라도 엄마와 아이 간에 공부에 대한 커뮤니케이션은 이루어진다. 어려워 보이는가? 그렇지 않다. 결국 이 또한 습관이다.

소통의 습관 못지않게 엄마는 아이가 어릴 때부터 공부와 관련하여 여러 가지 좋은 습관을 가질 수 있도록 노력을 해야 한다. 예컨대, 독서 또한 습관이다. 독서를 좋아하는 아이들을 보면 어릴 때부터 책은 늘 주위에 있었고, 엄마 아빠가 책을 읽는 모습은 일상이었다고 말하

> 늘 엄마와 함께 공부했던 아이들은 엄마와의 소통을 거부하지 않는다

는 아이들이 많다. 내가 아는 한 학부모는 주말이면 온 가족이 서점에 가서 각자가 읽고 싶은 책을 골라서 사는 습관을 들였다고 한다. 이때 아이가 골라온 책이 마뜩치 않다고 해서 무시하고 엄마가 일방적으로 책을 사주기보다, 아이가 원하는 책을 사주면서 동시에 엄마가 읽히고 싶은 책도 함께 사주는 것이 효과적이었다고 한다. 이는 아이가 자존감을 느끼고 엄마와의 소통에 대해 신뢰를 가지는 작은 실천이었다.

좋은 습관은 강요에 의해서 만들어지지 않는다

좋은 습관은 강요에 의해서 만들어지지 않는다. 책 읽기를 싫어하는 아이에게 책을 읽으라고 강요를 하면, 억지로야 읽겠지만 아이의 뇌에는 책이야말로 가장 싫은 대상으로 기억되고 만다. 강요를 하기보다 책을 읽을 수 있는 환경을 만들어 자연스럽게 책을 읽도록 이끄는 지혜를 발휘해야 한다. 요즘 젊은 엄마들 중에는 과감히 거실에서 텔레비전을 치워버리고 책장을 들여놓는 경우가 많다고 한다. 쉽지 않은 일이라고? 엄마의 의지와 실천이 관건인 셈이다. 보고 싶은 드라마 한 편과 아이의 미래를 맞바꿀 수는 없는 노릇이지 않는가.

엄마와의 자연스러운 소통과 공부를 할 수 있는 환경을 만들어 관리하는 것, 이런 환경에서 좋은 학습 습관을 키운 아이들은 대체로 자라면서 자율에 일찍 적응한다. 즉 어릴 때부터 긍정적인 영향을 주는 환경과 마음을 여는 소통, 그리고 건강한 습관으로 훈련이 되어 있기 때문에 초등학교 고학년이 되면 스스로 계획과 점검을 한다. 이런 과정을 통해 자기주도학습을 하게 되는 것이다.

자기주도학습은 쉽게 말하자면, 아이가 스스로 알아서 공부를 한다는 것이다. 공부를 스스로 알아서 한다는 것은 그만큼 공부에 대한 흥미와 목표를 가지고 있다는 뜻이기 때문에 우등생이 될 가능성이 높다. 그런데 자기주도학습이 어느 날 갑자기 "이제부터 너 혼자서 알아서 해!"라고 말해서 되는 것이 아니다.

자기주도학습은 방치가 아니다. 스스로 학습을 주도하는 과정에서 조언과 멘토링이 필요하다. 그렇기 때문에 자기주도학습이 잘 되는 아이일수록 엄마와의 커뮤니케이션은 더욱 잘 이루어진다.

관리와 자율, 소통과 습관으로 훈련된 아이가 자기주도학습으로 넘어가는 과정에는 무엇보다 자신의 현 상태와 특성에 대한 냉철한 분석이 이루어져야 한다. 그동안 엄마와 함께 훈련을 했던 자신의 공부 패턴이 어떤지, 그리고 어떤 성향의 공부가 적성에 맞는지 등을 고민할 수 있는 시간을 갖고 함께 이야기를 나누면서 공부의 목표를 세우게 한다. 공부의 목표가 분명해지면, 각 교과목의 학습 전략과 계획을 수립하도록 조언을 한다. 그동안 엄마가 공부환경을 만들어줬던 것을 스스로 학습의 집중력을 키울 수 있는 환경을 만들 수 있도록 자율성을 보장해주는 것이다.

괴테는 "자신을 통제하는 것이야말로 가장 위대한 예술이다"라고 했다. 아이들이 자기주도학습을 통해 스스로를 통제하고 자신의 목표를 위해 최선을 다하면서 앞으로 전진할 수 있도록 해줘야 한다. 결국 엄마는 아이가 인생의 아름다움을 추구하는 예술가로 자랄 수 있도록 도와주는 것이다.

지금까지 이야기한 학습 원칙과 아이와의 관계 설정에 대해서 대부분의 엄마들도 한두 번쯤은 듣고 또 알고 있을 것이다. 그러나 당장 눈앞에서 아이의 부족한 부분을 봤을 때 엄마의 인내심은 쉽게 바닥을 드러낸다. 가장 좋은 관계, 조언자로서의 엄마, 매니저이자 컨설턴트로서의 엄마 등 무엇이 올바른지 알면서도 매를 들고, 언성을 높이고, 강압적으로 감시를 하는 나쁜 엄마가 되고 만다.

그렇기 때문에 아이의 공부와 관련해서 실제로 변화를 꾀해야 하는 것은 바로 엄마 자신이다. 엄마가 먼저 생각을 바꾸고, 그 변화를 실천으로 옮겨야 한다.

"가장 조심해야 할 것은 가난도, 질병도 아닌 당신의 생각이다. 생각이 당신의 삶을 지배하기 때문이다."

데일 카네기(Dale Carnegie)는 생각부터 과감히 바꾸라고 말한다. 긍정적인 생각을 하면 긍정적인 삶을, 부정적인 생각을 하면 부정적인 삶을 살 수밖에 없다는 것이다. 아이에 대한 생각도 이와 다를 게 없다. 아이에 대해 긍정적인 생각으로 관리와 자율, 소통과 습관의 실천을 하자고 결심해야 하는 것이다.

목표가 있어야 공부도 재미있다

수학뿐만 아니라 모든 공부는 목표가 뚜렷해야 동기부여가 된다. 예를 들어 내신이 바뀌니까 초등학교 고학년 학부모들은 앞으로 어떻게 해야 하느냐고 묻는데, 이럴 때 나는 경시대회를 보라고 한다. 그렇게 해서 전국적인 석차에서 상위권에 해당하는 아이의 엄마에게는 분석을 하라고 조언을 한다. 내 아이가 어느 정도 위치에 있는지를 말이다. 그래야지만 아이가 좀 더 구체적인 목표를 설정할 수 있다.

그런 면에서 보자면 경시대회의 데이터는 명확한 방향을 제시해줄 수 있다. 서울대와 연세대, 고려대 입학 정원은 최대한 늘려 잡아도 13,000~14,000명일 것이다. 그렇다면 수험생이 만약 60만 명이라고 하자. 결국 서울대와 연세대, 고려대의 합격 인원은 전체 수험생 중에서 2퍼센트 정도에 불과한 것이

내 아이의 위치를 알아야 구체적인 목표를 설정할 수 있다

다. 따라서 아이가 서울대와 연세대, 고려대를 갈 수 있는 수학실력이 되려면 최소한 전국 단위의 몇 퍼센트 안에는 들어야 하는지 짐작할 수 있다.

물론 경시대회에 전국의 모든 학생들이 응시하는 것은 아니다. 그러나 웬만큼 공부에 관심이 있거나 학교에서 상위권에 있는 학생들이 많이 응시를 한다. 그래서 경시대회 참여자 중에서 최소한 상위 10퍼센트 안에는 들어야지만 전체로 봤을 때 상위 2퍼센트 안에 들 수 있다는 계산이 나온다.

아이가 명문대에 들어가기 위해서는 상위 몇 퍼센트에 들어가야 한다는 뚜렷한 수치가 나오면 엄마들은 이 수치 안에 들어가기 위해 목표와 계획을 세울 수 있다. 아이가 현재 어떤 위치에 있는지를 전국 단위로 평가하는 것은 상위권 학생의 엄마가 가장 쉽게 목표를 설정할 수 있는 학습 전략이다.

분명한 목표가 합격을 향한 출발선이다

공부를 잘하는 상위권 학생들은 기계적인 반복 학습을 체크하는 것보다 목표를 세울 수 있도록 도와주는 것이 좋다. 공부를 잘하는 아이들은 대개 뚜렷한 목표가 있다. "내가 우리 학교에서 1등을 하겠다"와 같은 분명한 목표를 세워 공부를 한다.

그래서 앞서 이야기한 것처럼 초등학교 3, 4학년 무렵에는 상위권 학생들은 경시대회를 목표로 하는 것이 좋을 수 있다. 초등학생에게 특목고와 명문대는 너무 먼 목표일 수 있다. 그리고 국제중학교는 영어에 편중되어 있기 때문에 애매하다. 그래서 일 년에 두 번 정도 치르는 KMC(한국수학경시대회)와 같은 수학 경시대회를 보는 게 낫다.

경시대회를 치르고 나면 자신의 단계별 등급이 나온다. 만약에 첫 시험에서 '2B'를 받았다면, 다음은 '2A'를 목표로 공부를 하고 실제로 그 등급을 획득한다. 그리고 '1B'를 목표로 하고, 그 다음에는 '1A'를 목표로 한다. 이렇게 단기적인 성과를 확인하는 목표 설정도 동기부여 차원에서 매우 중요하다. 성취감을 느낄 수 있어서 계속 공부에 흥미를 가질 수 있기 때문이다.

단기적인 성과를 확인하는 목표 설정도 동기부여 차원에서 매우 중요하다

최근에는 실용수학능력 시험이 개발되어 전국적으로 시행되고 있다. 고등학생의 경우 국가공인인증 자격 급수가 주어지며, 초·중등부는 민간자격 급수가 주어지는데 평가 문항의 70퍼센트가 기존 교과 문항, 30퍼센트가 앞으로 학교 시험에서 시행될 실생활 연계형 문제이기에 많은 학부모들의 관심을 끌고 있다. 이런 전국 단위의 신경향 실용수학능력 시험을 통해 아이들의 학습 성취도를 체크하는 것도 바람직하다.

초등학교 3, 4학년에서 수학을 잘하면 대체로 전체 공부의 수준도 상위권일 가능성이 높다. 상위권의 학생이라면 당연히 명문대학에 진학하는 꿈을 가질 수 있다. 그런데 아이가 상위권인 엄마들이 관심을 가져야 될 부분은 우리 학교 1등, 우리 동네 1등이 아니다. 흔히들 강남 아이들이 공부를 잘한다고 하는데, 반드시 그런 것은 아니다. 사실 원래부터 강남 아이들이 잘하는 것이 아니라 강남에 잘하는 아이들이

모인 것일 뿐이다. 무슨 말이냐 하면, 초등학교 고학년에서 중학교에 올라갈 때, 강남이 아닌 곳에서 공부를 잘하는 아이들이 이곳으로 몰리는 것이다. 이처럼 공부를 잘하는 초등학교 아이들은 전국적으로 분포되어 있다. 그래서 초등학교에 다니는 아이의 실력을 강남에서만 비교하는 것은 그리 의미가 없는 것이다. 실제로 초등학교 4학년 아이들의 전국 단위 수학 성적을 비교해보면, 전국에 골고루 퍼져 있다.

> 초등학교 때 필요한 것은 딱 세 가지다. 하나는 독서, 두 번째가 영어, 세 번째가 수학이다

초등학교의 고학년만 되더라도 상위권 아이들의 목표는 뚜렷하다. 일찍부터 명문대 진학과 특목고 진학에 대해 고민을 하면서 목표를 설정한다. 그래서 초등학교 때 필요한 것은 딱 세 가지다. 하나는 독서, 두 번째가 영어, 세 번째가 수학이다. 이때 독서는 교과 학습보다 훨씬 더 중요하다. 엄마들이 사실 초등학교 때는 수학보다 영어에 신경을 더 많이 쓴다. 그러다가 아이가 학년이 올라갈수록 바뀐다. 수학이 더 필요하다고 생각이 드는 것이다. 따라서 초등학교 3, 4학년 때는 목표를 주는 것이 아주 중요하다.

아이에게 뚜렷한 목표를 주면서 수학에 대해서 많은 준비를 해야 한다. 지금 초등학교 3, 4학년이라면, 이제 곧 바뀌게 될 중학교 수학 교과서에 대한 대비를 해야 한다. 교육과정평가원에서 준비하고 있는 내신 성취평가제는 앞서 언급한 것처럼 많은 부분에서 변화가 생긴다. 지금까지의 학습 패턴으로는 이런 변화를 대응하기가 쉽지 않다. 그래서 엄마는 새로운 학습 환경에 대한 정보를 미리 알고, 내 아이의 학습 패턴에 대한 분석을 통해 올바른 학습 전략을 유도해야만 한다.

목표는 동기부여의 근원이 된다. 때론 다소 무리한 목표를 세워 좌절감을 느낄 수도 있다. 그러나 쉽게 달성할 수 있는 목표는 의미가 없다. 아이가 자신의 노력치를 최대한 이끌어낼 수 있는 목표를 세워 학습할 수 있도록 해야 한다. 그리고 이런 노력으로 목표를 달성하게 되면, 성적뿐만 아니라 보다 높은 목표도 충분히 달성할 수 있다는 자신감도 덤으로 얻게 된다. 한계에 대한 도전은 자신감을 배가시키고 심리적인 장애물을 극복할 수 있는 힘을 가지게 한다.

요즘 현대 육상에서 1,600미터를 3분대에 주파하는 것은 당연한 것으로 여긴다. 하지만 1950년대만 하더라도 1,600미터에서 3분대 주파는 불가능한 목표였다. 이른바 '마의 4분벽'은 인간의 물리적인 한계로 도달이 불가능한 것으로 여겨졌다. 그러나 한 선수가 '마의 4분벽'을 돌파했다. 그러자 불과 6개월도 채 되지 않았을 때, 그 선수가 기록한 세계 최고의 기록마저도 깼다고 한다. 그리고 이제는 1,600미터 경주에서 3분대의 기록은 기본이 됐다. 이처럼 목표는 한 번 달성하고 나면 난이도를 계속 높여 성취감을 가질 수 있게 한다.

엄마는 아이가 스스로 목표를 세울 수 있도록 도와줘야 한다. 어쩌면 이 목표 수립이야말로 공부에 있어 가장 중요한 것이자 출발선이 될 수 있다. 목표가 뚜렷한 아이는 자신의 한계마저도 극복하겠다는 의지를 가지게 된다. 이러한 의지는 본인이 가지는 것이다. 누군가 대신 해줄 수 있는 게 아니다.

호박벌은 꿀을 따 모으기 위해 온종일 쉬지도 않고 날아다닌다. 호박벌이 일주일 동안 날아다니는 거리를 측정해보니 무려 1,000킬로미

목표 수립이야말로 공부에 있어 가장 중요한 것이자 출발선이 될 수 있다

터가 넘었다고 한다. 손톱만한 크기의 호박벌이 그렇게 많이 날아다닌다는 게 선뜻 믿기지 않는다. 그런데 전문가들은 호박벌을 두고 날아다니기에는 매우 불리한 체형을 가지고 있다고 지적한다. 날개에 비해 몸이 너무 크다는 것이다. 그래서 공중에 떠 있는 것 자체가 신기하다고 한다. 그럼에도 호박벌이 날 수 있는 이유는 뭘까? 호박벌은 자신이 날 수 있는지, 혹은 없는지에 대해서는 관심이 없다. 오로지 꿀을 따야겠다는 목표만이 있을 뿐이다. 꿀을 따려면 날아야 한다. 그래서 호박벌은 공중으로 날아올라 이곳저곳을 다니며 꿀을 모으는 것이다.

로드맵과
셀프 다이어리로
일상을 관리하라

어느 외국에서 군인을 데리고 실험을 한 적이 있다. 병사들의 신체 조건이 비슷한 두 부대를 데리고 행군을 시킨 것이다. 두 부대가 행군을 해야 할 거리는 대략 서울에서 대전까지의 거리였다. 그런데 한 부대는 구체적인 로드맵을 제시하고 각자가 행군 목표를 숙지하게 하여 일정을 점검하게 한 반면에, 또 다른 부대에게는 그저 행군을 멈추라는 명령이 있을 때까지 무작정 걸으라고 했단다.

훈련도 비슷한 수준으로 받았고 신체조건도 별 차이가 없는 두 부대의 행군 결과는 너무나 달랐다. 미리 행군의 목적지가 어디인지를 알고 구체적인 로드맵을 제시받은 부대는 낙오자가 없이 전원 무사히 도착을 했다. 그런데 아무런 정보도 알지 못한 채, 목적지가 어딘지도 몰라서 죽어라 행군만 한 부대는 낙오자

> 오랜 여정을 견뎌내려면 자신의 위치가 어디인지, 어디로 어떻게 가야 할지를 알고 있어야 한다

가 속출했다고 한다.

목표를 세우고 그 목표까지 도달하기 위해 어떤 준비를 해야 할지를 고민하고 구체적인 도달 과정을 미리 예측을 하는 것과 무작정 열심히 하는 것은 큰 차이가 있다. 특히 대학 입시 때까지의 여정은 군인들이 행군한 것보다 더 먼 여정이기 때문에 로드맵의 중요성은 더욱 크다.

오랜 여정을 견뎌내려면 매번 자신의 위치가 어디인지, 앞으로 어디로 어떻게 가야 할지를 알고 있어야 한다. 그러므로 지도 한 장 없이 입시의 여정을 떠난다는 것은 정처 없이 사막 한가운데를 떠도는 꼴이 될 수 있다.

> 공부의 로드맵에는 목표를 달성하기 위한 모든 지침이 담겨 있어야 한다

로드맵은 단순한 지도가 아니다. 어떤 사안이나 목표를 위해 가야할 지점을 표기한 것만으로 로드맵이라고 부르지 않는다. 이 지도에는 지리적인 표기뿐만 아니라 여정의 모든 계획이 담겨져 있다. 여정의 도중에 발생할 수 있는 문제점을 예측하고, 또 그 예측에 따라 해결방안을 마련하여 대비를 한다. 공부의 로드맵도 단지 목표만 적힌 게 아니라 그 목표를 달성하기 위한 모든 지침이 담겨 있어야 한다.

결국 아이가 책임져야 한다

뚜렷한 목표가 있어야 동기부여가 되고, 제대로 된 동기부여를 하려면 로드맵을 잘 짜야 한다. 이때 엄마의 역할은 아이와 늘 소통을 하며 함께 실현 가능한 로드맵을 짤 수 있도록 관리하는 것이다.

수학 성적을 올리기 위해서도 구체적인 로드맵이
필요하다. 우선 아이가 자신의 수학 실력을 정확히 평
가할 수 있어야 한다. 자신의 객관적인 실력 수준을 무시
하고 로드맵을 짜면 지키지 않는 동그라미 방학 시간표에 불과해진
다. 냉정하게 자신의 실력을 점검하고 난 뒤에는 자신이 희망하는 목
표를 세운다. 이때부터 목표와 자신의 실력 간에 차이를 실감하게 되
면서 동기부여는 이루어진다.

목표가 설정됐으면 연간 학습계획을 세우고 필요한 교재 등을 선정
하는데, 수학 선생님이나 주위의 조언을 듣는 것이 좋다. 예컨대, 고등
학생이라면 진학을 희망하는 학교에 따른 수능 등급과 논술이 조언의
대상이 된다. 중학생은 목표로 세워둔 내신 성적과 선행학습, 또는 특
목고 진학 등에 대해 조언을 듣는다. 초등학생은 내신 성적과 선행학
습, 그리고 외부 경시대회 성적에 대해 조언을 듣는 것이 좋다.

연간 학습 계획은 말 그대로 일 년 동안 공부를 어떻게 할지를 미리
계획하는 것이다. 그렇다면 당연히 분기별, 월별로 좀 더 잘게 쪼개어
구체적인 계획을 세운다. 올해 안에 집을 짓겠다는 연간
목표를 세웠다면, 1분기에는 지반 공사를 하고, 2분기
에는 철골을 세운다는 등의 분기 계획과 1분기 첫째
달은 지반 공사를 위해 어떤 장비를 구입할 것인지를
정하는 월별 계획을 세우는 것이다.

마지막으로 매주 수학 셀프 다이어리를 통해 계획의 달성 여부를 체
크한다. 셀프 다이어리에 자신의 로드맵을 기록하고 로드맵에 적은 내
용대로 실천하고 있는지를 점검하는 것이다. 이때 계획처럼 실천을 하

지 못했다고 해서 무작정 미루기만 하면 안 된다. 이런 나쁜 버릇이 생기면, 결국 나중에는 연말이 되어서야 모든 것을 한꺼번에 하는 것으로 나타날 수 있다. 결국 스스로 지키지 못할 약속을 한 셈이 되고 만다.

셀프 다이어리는 이름처럼 일기의 형식도 갖춰야 한다. 단순한 계획점검표가 아니다. 자신이 세운 목표를 어떤 방법으로 달성하고 있는지를 세세하게 기록하는 것은 기본이다. 그러나 미처 지키지 못한 목표나 계획에 대해서는 미루는 것이 아니라 자기 반성을 해야 한다. 왜 계획을 지키지 못했는지를 객관적으로 따져보고, 반성과 함께 개선방안을 메모해두는 것이 좋다. 그래야지만 셀프 다이어리를 펼칠 때마다 똑 같은 실수를 반복하지 않고 경계를 할 수 있다.

로드맵과 셀프 다이어리에서 목표를 세울 때, 무조건 열심히, 그리고 많이 공부한다는 것에만 매달려서는 안 된다. 그보다 공부의 질도 따져서 목표를 세워야 한다. 가장 효율적으로 공부할 수 있는 시간의 배정, 분 단위로 쪼개어 실천할 수 있을 만큼의 아주 구체적인 목표와 실천 계획을 세워야 하는 것이다.

그리고 매일 학습 내용의 중요 포인트는 기록해두는 것이 좋다. 인간의 기억력은 한계가 있기 때문에 중요한 내용은 수시로 보면서 되새김질하는 것이 가장 효과적이다. 또한 중요한 내용을 정리하면서 도움을 받았던 대상에 대해서도 정리를 해두는 게 좋다. 비슷한 유형의 문제나 단원이 나올 때, 망설이지 말고 다시 찾아갈 수 있도록 말이다. 온라인에서 정보 검색으로 도움을 받았던 것도 출처의 기록을 남겨둬야 나중에 쉽게 다시 찾을 수 있다.

분 단위로 쪼개어 실천할 수 있을 만큼의 아주 구체적인 목표와 실천 계획을 세워야 로드맵을 짜고 셀프 다이어리의 활용이 익숙해지면 아이는 집중력과 시간 관리의 기술이 향상된다. 자신의 목표를 매일 들여다보고 계획에 따른 실천을 정해진 일정 안에 해야 하기 때문에 집중력이 강해질 수밖에 없다. 그리고 시간은 한정되어 있기 때문에 시간의 낭비를 최소화하려고 자투리 시간까지 쪼개어 쓰는 습관을 가질 수 있다. 그리고 이런 시간 활용의 기록을 남기면 한시라도 허투루 쓰는 법이 없이 200퍼센트 활용할 수 있는 노하우를 가지게 된다.

로드맵과 셀프 다이어리는 우선순위에 대한 개념을 확실히 심어준다

마지막으로 로드맵과 셀프 다이어리는 우선순위에 대한 개념을 확실히 심어준다. 목표를 아무런 기준이 없이 나열하고 시간이 흘러가는 순서대로 계획을 세우는 것이 아니라 월간, 주간, 일간 단위로 반드시 달성해야 하는 과제가 무엇인지를 고민하여 우선순위를 매긴다. 우선순위를 매긴 것 중에서 가장 위에 있는 것이야말로 목표 달성을 위해서는 반드시 해결해야 할 과제라는 것을 새삼 인식하며 과제 해결에 몰두해야 하는 것이다.

로드맵과 셀프 다이어리는 모든 과목, 모든 공부에 적용할 수 있다

수학을 기본으로 한 로드맵과 셀프 다이어리는 모든 과목, 모든 공부에 적용할 수 있다. 그리고 이 과정의 경험은 비단 대학 입시와 같은 수험생뿐만 아니라 아이가 사회에서 필요한 존재로 성장하는 데 많은 도움을 줄 것이다. 따라서 학생 시절부터 로드맵과 셀프 다이어리를 만들어 실천하는 습관은 나중에 아이가 사회생활을 할 때도 훌륭한 자산이 된다. 스스로를 통제할 줄 알고, 일의 우선순위를 명확히 설정하고, 집중력의 발휘와 시간 관리의 효율성을 아는 사람은 모든 조직에서 원하는 인재이다.

셀프 다이어리는 장밋빛 미래와 그럴싸한 계획을 형형색색의 형광펜으로 치장하는 장식용 다이어리가 아니다. 일기는 자신에 대한 솔직한 고백이다. 학습 셀프 다이어리도 매일 냉정한 자기 평가를 기록하는 것이어야 한다. 또한 공부를 하는 와중에 언제든지 나태해질 수 있다. 그리고 자신에 대해 자꾸만 너그러워지는 평가를 내릴 수도 있다. 그래서 피드백이 중요하다. 즉 아이의 셀프 다이어리는 엄마와 공유하는 것이 좋다. 단, 숙제 검사를 하듯 매번 체크하기보다 아이가 기록한 내용에 대해 일상적으로 피드백을 주는 코칭이 되어야 할 것이다.

서양식 8음계 발견한 피타고라스

고대 그리스의 철학자 겸 수학자 피타고라스를 언급하면 많은 학생이 '피타고라스의 정리(Pythago rean theorem)'를 떠올린다.

피타고라스의 정리란 '직각삼각형의 빗변을 한 변으로 하는 정사각형 넓이는 나머지 두 변을 각각 한 변으로 하는 정사각형 넓이와 같다'는 수학 공식이다. 그런데 피타고라스는 의외로 음악 분야에서 이름이 자주 등장한다.

단적인 예로 오늘날 우리가 주로 사용하는 서양식 8음계, 즉 '도 · 레 · 미 · 파 · 솔 · 라 · 시 · 도'를 최초로 발견한 사람이 바로 피타고라스다. 어느 날 시장 골목을 지나치던 피타고라스는 대장간에서 들려오는 쇠 치는 소리를 듣던 중 문득 '쇠 치는 소리가 참 조화롭다'고 생각했다. 그러곤 이내 의문을 품었다.

'소리와 진동수 사이엔 어떤 연관성이 있을까?'

실험에 나선 그는 하프를 직접 연주하며 가장 듣기 좋은 순간의 소리를 분석했다. 그 결과, '하프 음의 높낮이와 하프의 현 길이는 반비례한다'는 사실을 찾아냈다. 피타고라스는 추가 조사를 통해 '처음 하프를 퉁겼을 때의 소리'와 '하프 현을 3분의 2 길이로 줄인 후 퉁겼을 때의 소리'가 조화를 이룬다는 사실을 발견했다. 처음 소리는 오늘날의 '도', 나중 소리는 오늘날의 '솔'에 각각 해당한다.

다시 말해 '소리는 2대 3의 비율이 됐을 때 가장 아름답게 들린다'는 사실이 그를 통해 밝혀진 것이다. 그뿐만 아니라 피타고라스는 현의 길이를 2분의 1로 줄일 경우 한 옥타브 높은 '도' 소리가 난다는 사실도 찾아냈다.

요컨대 그는 '가장 아름다운 소리 비율(2대 3)'에서 하프 현 길이 비 '1 : 2/3 : 1/2'가 '도 : 솔 : 높은 도'란 사실을, 반대로 하프 현 길이 비는 음 진동수와 반비례한다는 사실에서 진동수 비 '1 : 3/2 : 2'가 '도 : 솔 : 높은도'인 사실을 각각 밝혀냈다.

이후 피타고라스학파는 '도 · 솔 · 높은 도'인 '1 · 3/2 · 2'의 세 비율을 기준으로 삼아 '도'부터 '높은 도'까지의 8음계를 완성했다. 8음계 덕분에 우린 한 음보다 5도 높은 음과 한 옥타브 높은 음을 각각 구할 수 있다. 전자는 진동수의 3/2배를, 후자는 진동수의 2배를 각각 적용하면 된다.

예를 들어 '레'의 경우 '솔'보다 5도 높은 '높은 레'를 우선 구한다. '솔'의 진동수는 '도'보다 5도 높으므로 3/2배를 적용한다. '높은 레'는 '솔'보다 5도 높으므로 역시 진동수 3/2를 곱한다. 결국 '높은 레'의 진동수는 '(3/2×3/2)=9/4'가 된다. 또한 '높은 레'보다 한 옥타브 아래의 '레'는 진동수가 1/2로 줄어 '(9/4×1/2)=9/8'가 된다.

생각해보기
여러분이 피타고라스학파의 일원이 됐다는 가정하에 아래 피타고라스 음률표를 완성하세요.

	도	레	미	파	솔	라	시	도
피타고라스 음율	1	$\frac{9}{8}$		$\frac{4}{3}$	$\frac{3}{2}$			2

바코드 속 '체크코드' 비밀을 풀어라

중학교 1학년 '기수법'에서 다뤄지는 '바코드'는 스토리텔링 수학이 좋아할 만한 소재 중 하나다. 주변에서 흔히 관찰할 수 있는 데다 흥미로운 수학적 원리가 숨어 있기 때문이다. 문항의 형태는 '바코드 구성 요소 알아보고 체크코드 만드는 법'처럼 될 확률이 높다. 특히 체크코드는 바코드뿐 아니라 주민등록번호에도 쓰이므로 알아두면 도움이 된다.

문제의 바코드 그림은 표준형 코드를 나타낸 것이다. 표준형 바코드는 '국가코드 3자리, 제조업체 코드 4자리, 제조상품 코드 5자리'로 구성된다. 여기에 '체크 디지트'로 불리는 체크코드(검사용 코드)가 한 자리 더 있다.

1단계 : 홀수 번째 자리에 있는 수의 합을 a라 하고
2단계 : (짝수 번째 자리에 있는 수의 합)×3을 b라 할 때
3단계 : a+b=(10의 배수)가 되는 데 필요한 한 자릿수가 체크코드다.

문제 다음 그림에서 빠져 있는 체크 코드를 구해보세요.

국가표시   제조업체코드   자체상품코드   검증코드

한편, 주민등록번호 열세 자리 중 앞의 여섯 자리는 생년월일을, 뒤의 일곱 자리는 성별과 태어난 지역 등 을 각각 가리킨다. 예를 들어 뒤쪽 일곱 자리 중 첫째 숫자는 성별을 의미한다. '1'은 남자, '2'는 여자이며 2000년 이후 태어난 남녀는 각각 '3'과 '4'로 구분해 표기한다. 둘째 자리부터 다섯째 자리까지의 숫자는 태어난 지역(시 · 도 · 구 · 군)을, 여섯째 자리 숫자는 주민등록번호 발행 순서를 뜻한다. 일곱째 자리에 들어갈 숫자가 바로 체크코드다. 주민등록번호의 체크코드 계산 원리는 다음과 같다.

1단계 : 12자리 숫자에 2, 3, 4, 5, 6, 7, 8, 9, 2, 3, 4, 5를 각각 곱해 합을 계산한다.

2단계 : ①의 값을 11로 나눠 나머지를 구한다.

3단계 : 11에서 ②의 값을 뺀 숫자가 체크코드다.

※ 단, ③의 값이 10(11)이면 체크코드는 0(1)이 됨.

문제 '660203-102324( )'란 주민등록번호가 있다고 했을 때 괄호에 들어갈 체크코드를 구해보세요.

'아름다움'을 숫자로 표현한다면?

아름다움(美)도 수식으로 나타낼 수 있을까?

수학에 관심 있는 사람이라면 누구나 떠올려봄직한 의문이다. 놀랍게도 자연현상이나 예술 작품에서 주목받는 디자인에는 하나같이 '아름다움의 비율'이 숨어 있다. 황금비(黃金比, 1대 1.618)가 그것이다. 중세 사람들은 황금비를 '신성한 것'으로 인식해 '신수(神授, 신이 내림) 비례법'이라고 명명했다. 이후 15세기 말 이탈리아 수학자 파치올리가 이 비례법을 다룬 책 제목을 '황금 분할'로 정하면서 황금비란 말이 생겨났다.

황금비를 최초로 발견한 사람은 고대 그리스 수학자 피타고라스다. 세상 만물을 수(數)로 표현하고자 했던 그는 정오각형의 꼭짓점을 대각선 형태로 연결하면 내부에 별 모양이 생기고, 이 별 내부에 또 다른 정오각형이 만들어지며, 그 비율이 1대 1.618이란 사실을 발견했다. 황금비는 이탈리아 수학자 피보나치가 쓴 책 『산술의 서(1202)』에도 등장한다.

한 쌍의 새끼 토끼가 있다. 토끼는 한 달 후면 어른 토끼가 되고, 어른 토끼 한 쌍은 한 달에 한 쌍의 토끼를 낳는다. 이 가정대로라면 첫 달은 새끼였던 토끼 한 쌍은 둘째 달에 어른 토끼 한 쌍이 된다. 셋째 달이 되면 어른 토끼가 다시 새끼 토끼 한 쌍을 낳는다. 넷째 달엔 셋째 달의 어른 토끼 두 쌍이 다시 새끼 토끼를 낳아 총 다섯 쌍(어른 토끼 세 쌍, 새끼 토끼 두 쌍)이 된다. 이처럼 토끼를 쌍 단위로 센 후 그 숫자를 7개월까지 나열하면 '1, 1, 2, 3, 5, 8, 13'이 된다. 이 배열을 바탕으로 인접한 두 수의 비를 '1/1, 1/2, 2/3, 3/5, 5/8, 8/13'과 같이 계속 구해가다 보면 이 역시 황금비인 1.618에 가까워진다.

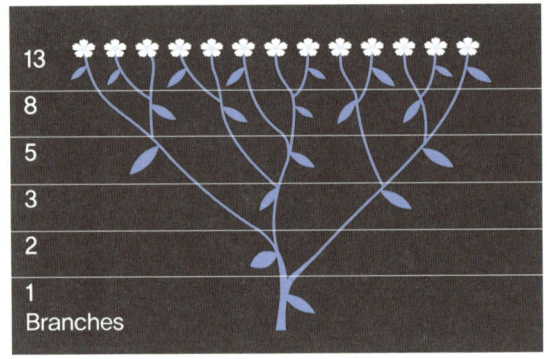

위 토끼의 예와 같이 황금비는 자연 속에도 숨겨져 있다.

위 그림은 황금비로 성장하는 나뭇잎과 뻗어 나가는 가지의 나뭇잎 숫자를 보여준다. 꽃잎의 수에도 규칙성이 있다. 백합 1장, 등대풀 2장, 붓꽃잎 3장, 채송화 5장, 코스모스 8장, 금잔화 13장, 치커리 21장, 질경이 34장 등 꽃잎 수는 대부분 1, 2, 3, 5, 8, 13, 21, 34 중 하나다.

조개의 나선형 구조에서도 황금비를 찾을 수 있다. 고대 이후 황금비는 건축물과 예술 작품에도 적용돼 왔다. '피라미드'와 '파르테논 신전' 등이 대표적 예다. 이밖에 레오나르도 다 빈치의 〈모나리자〉, 밀로의 〈비너스상〉 역시 황금비를 바탕으로 완성

됐다. 세계적 IT 기업인 미국 애플사 로고도 황금비로 이뤄졌다고 하니 아름다움의 법

칙은 시간과 관계없이 유효한 셈이다.

생각해보기

위 내용에 등장하는 토끼 숫자는 7개월까지만 계산돼 있습니다. 10개월

째가 되면 토끼는 모두 몇 쌍으로 늘어날까요?

왜 수학이 중요한가

"스토리텔링 스팀형 교육을 떠나 왜 수학이 중요합니까?"

수학이 골치 아픈 과목이랍시고 이렇게 하소연하듯 질문을 하는 경우가 종종 있습니다. 크게 두 가지 입장에서 어머니들께 답을 할 수 있을 것 같습니다. 하나는 당연히 수능, 즉 대학 입시 때문입니다. 또 하나는 앞으로 아이가 이 사회에서 생존할 수 있는 인재로 커가야 할 텐데, 그럴 때 이 수학이란 학문이 상당한 작용을 할 것이라는 이유에서 수학이 중요하다고 말씀드립니다.

원론적으로 볼 때도 수학은 학생들에게 논리력과 사고력을 키울 수 있도록 해줍니다. 대학이 과거의 학력고사처럼 수능 성적만 반영을 했다가 등급제로 바꾸었습니다. 그런데 상위 4퍼센트까지는 실력을 다 똑같다고 봤습니다. 그래서 서울대, 연세대, 고려대에서 수능 성적과 학업성취도와의 관계를 비교, 분석을 해봤습니다. 그랬더니 문과와 이과를 불문하고 수학을 잘하는 아이들의 학업성취도가 제일 높게 나왔다는 것입니다. 즉 문과를 지원한 아이들의 인문사회적인 사고력이

나 자연과학계열을 지원한 아이들의 사고력에 있어 수학은 공통분모였습니다. 수학을 잘하는 아이들이 문과와 이과의 고유한 사고력에서 놀라운 힘을 발휘하더라는 것입니다.

서울대 인문계열에서는 영어와 국어보다도 반영 비율이 더 높은 것이 수학입니다. 선뜻 이해가 되지 않을 것입니다. 어떻게 인문사회계열에서 수학이 언어나 국어적인 능력보다 더 비중이 높단 말인지. 하지만 서울대뿐만 아니라 성균관대도 마찬가지입니다. 연세대와 고려대는 비중이 똑같습니다. 이 또한 고개가 갸웃거려지는 일이지요.

많은 교육 전문가들은 이제 수학은 단순히 학업적인 것과 입시의 차원을 떠나 아이들의 지적인 논리력과 사고력을 높여주는 기본적인 역할을 수행한다고 평가하고 있습니다. 인문사회적인 소양이나 자연과학적인 소양이나 가릴 것 없이 논리적인 추론과 창의력의 불쏘시개 역할을 수학이 담당한다는 것입니다.

그래서 많은 어머니들께 제가 이야기하는 것은 크게 세 가지입니다.

"수학이 변화한다."

"수학이 융합적인 사고력과 교과 통합적인 학습으로 바뀌기 때문에 초등학교 때부터 독서를 하라."

"수학을 하고 영어를 하라."

수학은 이제 까다로운 연산에 매달리기보다 우리가 가지고 있는 배경지식에 대한 논리력과 치밀한 추론, 그리고 다양한 분야를 아우르고 융합할 수 있는 기초 학문으로 주목받고 있습니다. 그래서 앞으로 수학을 포기하는 것은 모든 것을 포기하는 꼴이 될 수 있습니다.

아이가 수학을 골치 아픈 과목으로 생각하고 포기하려 한다면, 스토리텔링 스팀형 수학으로 다시 흥미를 가질 수 있도록 부모의 노력이 더욱 필요합니다.

교육과정의 현행과
개정 시안의 비교

부록

수학과 교육과정의 현행과 개정 시안의 비교

1. 초등학교

구분	1~2학년	3~4학년	5~6학년
수와 연산	• 네 자리 이하의 수 • 두 자리 수의 덧셈과 뺄셈 • 곱셈	• 다섯 자리 이상의 수 • 세 자리수의 덧셈과 뺄셈 • 곱셈 • 나눗셈 • 자연수의 혼합 계산 • 분수 • 소수 • 분수와 소수의 덧셈과 뺄셈	• 약수와 배수 • 분수의 덧셈과 뺄셈 • 분수의 곱셈과 나눗셈 • 소수의 곱셈과 나눗셈 • 분수와 소수
도형	• 입체도형의 모양 • 평면도형의 모양 • 평면도형과 그 구성요소	• 도형의 기초 • 평면도형의 이동 • 원의 구성요소 • 여러 가지 삼각형 • 여러 가지 사각형 • 다각형	• 합동과 대칭 • 직육면체와 정육면체 • 각기둥과 각뿔 • 원기둥과 원뿔 • 입체도형의 공간 감각
측정	• 양의 비교 • 시각 읽기 • 시각과 시간 • 길이	• 시간 • 길이 • 들이 • 무게 • 각도 • 어림하기(반올림, 올림, 버림) • 수의 범위(이상, 이하, 초과, 미만)	• 평면도형의 둘레와 넓이 • 무게와 넓이의 여러 가지 단위 • 원주율과 원의 넓이 • 겉넓이와 부피
규칙성	• 규칙 찾기	• 규칙 찾기 • 규칙과 대응	• 비와 비율 • 비례식과 비례배분 • 정비례와 반비례
확률과 통계	• 분류하기 • 표 만들기 • 그래프 그리기	• 분류하기 • 표 만들기 • 그래프 그리기	• 분류하기 • 표 만들기 • 그래프 그리기

가. 수와 연산(5~6학년)

현행(2007년 개정)	개정안	수학적 배경	비고
■ **약수와 배수(5학년)** ① 약수, 공약수, 최대공약수의 의미를 알고, 이를 구할 수 있다. ② 배수, 공배수, 최소공배수의 의미를 알고, 이를 구할 수 있다. ③ 약수와 배수 사이의 관계를 이해하고, 이를 문제해결에 활용할 수 있다.	■ **약수와 배수** ① 약수, 공약수, 최대공약수의 의미를 알고 구할 수 있다. ② 배수, 공배수, 최소공배수의 의미를 알고 구할 수 있다. ③ 약수와 배수의 관계를 이해한다. ④ 약수와 배수에 관련된 실생활 문제를 해결하고, 그 해결 과정을 설명할 수 있다.	④ 의사소통, 문제해결	
■ **약분과 통분(5학년)** ① 분수의 성질을 이용하여 크기가 같은 분수를 만들 수 있다. ② 분수를 약분, 통분할 수 있다. ③ 분모가 다른 분수의 크기를 비교할 수 있다. ■ **분모가 다른 분수의 덧셈과 뺄셈(5학년)** ① 분모가 다른 분수의 덧셈과 뺄셈을 할 수 있다.	■ **분수의 덧셈과 뺄셈** ① 분수의 성질을 이용하여 크기가 같은 분수를 만들 수 있다. ② 분수를 약분, 통분할 수 있다. ③ 분모가 다른 분수의 크기를 비교할 수 있다. ④ 분모가 다른 분수의 덧셈과 뺄셈의 계산 원리를 이해하고 그 계산을 할 수 있다.	④ 추론	
■ **분수의 곱셈과 나눗셈(5학년)** ① 자연수와 분수의 곱셈, 분수끼리의 곱셈의 의미와 계산 원리를 이해하고, 그 계산을 할 수 있다. ② '(자연수)÷(자연수)'를 분수로 나타낼 수 있다. ③ '(분수)÷(자연수)'의 계산 원리를 이해하고, 그 계산을 할 수 있다. ■ **분수의 나눗셈(6학년)** ① 나누는 수가 분수인 나눗셈의 의미와 계산 원리를 이해하고, 그 계산을 할 수 있다.	■ **분수의 곱셈과 나눗셈** ① 분수의 곱셈의 계산 원리를 이해하고 그 계산을 할 수 있다. ② '(자연수)÷(자연수)'에서 나눗셈의 몫을 분수로 나타낼 수 있다. ③ 분수의 나눗셈의 계산 원리를 이해하고 그 계산을 할 수 있다.	①, ③ 추론	
■ **소수의 곱셈과 나눗셈(5학년)** ① 소수와 자연수, 소수끼리의 곱셈을 할 수 있다. ② 소수 나눗셈의 계산 원리를 이해하고, '(자연수)÷(자연수)', '(소수)÷(자연수)'의 계산을 할 수 있다. ■ **소수의 나눗셈(6학년)** ① 나누는 수가 소수인 나눗셈의 의미와 계산 원리를 이해하고, 그 계산을 할 수 있다.	■ **소수의 곱셈과 나눗셈** ① 소수의 곱셈의 계산 원리를 이해한다. ② '(자연수)÷(자연수)', '(소수)÷(자연수)'에서 나눗셈의 몫을 소수로 나타낼 수 있다. ③ 나누는 수가 소수인 나눗셈의 계산 원리를 이해한다. ④ 소수의 곱셈과 나눗셈의 계산 결과를 어림할 수 있다.	①, ④ 추론	• 소수의 곱셈, 나눗셈은 원리 이해에 중점을 두고 간단한 계산을 다루어 학습량 경감. • 복잡한 소수의 곱셈과 나눗셈은 계산기를 활용하여 학습량 경감.

				• 간단한 계산
■ 분수와 소수(5학년) ① 소수와 분수의 관계를 이해하고, 분수를 소수로, 소수를 분수로 나타낼 수 있다. ② 소수와 분수의 크기를 비교할 수 있다. ■ 분수와 소수의 혼합계산(6학년) ① 간단한 분수와 소수의 혼합계산을 할 수 있다.	■ 분수와 소수 ① 분수와 소수의 관계를 이해하고, 분수를 소수로, 소수를 분수로 나타낼 수 있다. ② 분수와 소수의 크기를 비교할 수 있다. ③ 간단한 분수와 소수의 혼합계산을 할 수 있다.		으로 축소하여 학습량 감축.

구분	현행(2007년 개정)	개정안	수학적 배경	비고
용어 와 기호	배수, 짝수, 홀수, 약수, 공약수, 최대공약수, 공배수, 최소공배수, 약분, 통분, 기약분수	약수, 배수, 공약수, 최대공약수, 공배수, 최소공배수, 약분, 통분, 기약분수		/
교 수 · 학 습 상 의 유 의 점	① 약수와 배수는 자연수의 범위에서만 다룬다. ② 최대공약수와 최소공배수는 두 수에 대해서만 구한다. ③ 소수의 계산은 계산 원리를 이해할 수 있는 수준에서 간단히 다룬다.	① 약수와 배수는 실생활에서 활용되는 경우를 찾아 자연수 범위에서 다룬다. ② 최대공약수와 최소공배수는 두 수에 대해서 구하게 한다. ③ 분모가 다른 분수의 크기 비교에서 수 감각을 이용하여 추론하고 토론하는 활동을 하게 한다. ④ 소수의 곱셈과 나눗셈은 계산 원리를 이해할 수 있는 수준에서 간단히 다룬다. ⑤ 소수의 곱셈과 나눗셈에서 복잡한 계산은 계산기를 사용하게 한다. ⑥ 분수의 나눗셈은 '(분수)÷(자연수)', '(분수)÷(분수)', '(자연수)÷(분수)'를 다룬다. ⑦ 분수와 소수의 혼합계산은 자연수의 혼합계산 원리를 통하여 이해할 수 있게 하고 지나친 계산 연습이나 복잡한 계산은 다루지 않는다. ⑧ 수와 연산영역의 문제 상황에서 문제해결 전략 비교하기, 주어진 문제에서 필요없는 정보나 부족한 정보 찾기, 조건을 바꾸어 새로운 문제 만들기, 문제해결 과정의 타당성 검토하기 등을 통해 문제해결능력을 기르게 한다.	③, ④, ⑦ 추론 ③ 의사소통	• 복잡한 계산은 계산기를 사용할 수 있도록 하여 학습량 경감.

나. 도형(5～6학년)

현행(2007년 개정)	개정안	수학적 배경	비고
■ 합동(5학년) ① 도형의 합동의 의미를 알고, 합동인 도형을 식별할 수 있다. ② 자, 컴퍼스, 각도기를 이용하여 조건에 맞는 삼각형을 그릴 수 있다. ■ 대칭(5학년) ① 선대칭 도형과 점대칭 도형의 의미를 알고 그릴 수 있다. ② 선대칭 위치에 있는 도형과 점대칭 위치에 있는 도형을 그릴 수 있다.	■ 합동과 대칭 ① 구체적인 조작활동을 통해 도형의 합동의 의미를 알고, 합동인 도형을 찾을 수 있다. ② 합동인 두 도형에서 대응점, 대응변, 대응각을 각각 찾고, 그 성질을 이해한다. ③ 선대칭 도형과 점대칭 도형의 의미를 알고 그릴 수 있다.	②, ③ 추론	선대칭 위치 및 점대칭 위치에 있는 도형을 삭제 : 중·고등학교의 필수 선행 개념이 아니고 이후 학습에서 활용 빈도가 낮음.
■ 직육면체와 정육면체의 성질(5학년) ① 직육면체와 정육면체의 구성요소를 알고, 여러 가지 성질을 찾을 수 있다. ② 직육면체와 정육면체의 전개도와 겨냥도를 그릴 수 있다.	■ 직육면체와 정육면체 ① 직육면체와 정육면체를 알고, 구성요소와 성질을 이해한다. ② 직육면체와 정육면체의 전개도와 겨냥도를 그릴 수 있다.	①, ② 추론	
■ 각기둥과 각뿔의 성질(6학년) ① 각기둥과 각뿔을 이해하고, 구성요소와 성질을 안다. ② 각기둥의 전개도를 그릴 수 있다.	■ 각기둥과 각뿔 ① 각기둥과 각뿔을 알고, 구성요소와 성질을 이해한다. ② 각기둥의 전개도를 그릴 수 있다.	①, ② 추론	
■ 원기둥과 원뿔의 성질(6학년) ① 원기둥과 원뿔을 이해하고, 구성요소와 성질을 안다. ② 원기둥의 전개도를 이해한다. ③ 회전체를 이해한다.	■ 원기둥과 원뿔 ① 원기둥, 원뿔, 구와 그 구성 요소를 알고, 그 성질을 이해한다. ② 원기둥의 전개도를 이해한다.	①, ② 추론	회전체, 단면 삭제 : 원뿔, 구의 전개도나 측도를 다루는 부분에서 지도하도록 중학교 급으로 이동, 통합.
■ 여러 가지 입체도형(6학년) ① 쌓기나무로 만든 입체도형을 보고 사용된 쌓기나무의 개수를 구할 수 있다. ② 쌓기나무로 여러 가지 모양을 만들고 규칙을 찾을 수 있다. ③ 쌓기나무로 만든 입체도형의 위, 앞, 옆에서 본 모양을 표현할 수 있다. ④ 여러 가지 물체의 위, 앞, 옆에서 본 모양을 표현할 수 있다.	■ 입체도형의 공간감각 ① 쌓기나무로 만든 입체도형을 보고 사용된 쌓기나무의 개수를 구할 수 있다. ② 쌓기나무로 만든 입체도형의 위, 앞, 옆에서 본 모양을 표현할 수 있다. ③ 쌓기나무로 만든 입체도형의 위, 앞, 옆에서 본 모양을 표현한 것으로부터 입체도형의 모양을 알 수 있다.	①, ②, ③ 추론 ② 의사소통	쌓기나무를 활용한 규칙 찾기 삭제 : 소재만 쌓기나무일뿐 본 영역과 직접 관련 되는 내용 아님. 여러 가지 물체의 모양 관찰 활동에서 초등 수준에서 다룰 수 있는 물체가 제한적이므로 쌓기나무 수준으로 국한시켜 ②에 통합하고 역방향 활동인 ③ 추가함.

구분	현행(2007년 개정)	개정안	수학적 배경	비고
용어와 기호	직육면체, 면, 모서리, 밑면,옆면, 정육면체, 겨냥도, 전개도, 합동, 대응점, 대응변, 대응각, 대칭, 선대칭도형, 점대칭도형, 대칭축, 대칭의중심, 각기둥, 각뿔, 원기둥, 원뿔,모선, 회전체, 회전축, 구, 단면	합동, 대칭, 대응점, 대응변, 대응각, 선대칭도형, 점대칭도형, 대칭축, 대칭의 중심, 직육면체, 정육면체, 면, 모서리, 밑면, 옆면, 겨냥도, 전개도, 각기둥, 각뿔, 원기둥, 원뿔, 구, 모선		
교수·학습상의 유의점	① 직육면체의 전개도를 다양하게 그려보게 한다. ② 구체적인 조작 활동을 통하여 선대칭도형이나 점대칭도형의 의미를 알게한다. ③ 선대칭도형을 지도할 때 거울의 상을 이용할 수 있다. ④ 각기둥의 전개도에서는 간단한 형태만 다룬다. ⑤ 여러 가지 문제를 다룰 때에는 실생활과 밀접한 소재를 활용한다.	① 실생활에서 같은 무늬 찾기, 종이 겹쳐 오리기, 도장 찍기, 데칼코마니 등 구체적인 조작활동을 통하여 도형의 합동의 뜻을 알게 한다. ② 실생활에서 선대칭도형과 점대칭도형의 예를 찾아 설명하게 한다. ③ 선대칭도형과 점대칭도형의 성질을 이용하여 각 도형의 나머지 부분을 그릴 수 있게 한다. ④ 직육면체의 전개도에서 수직인 면과 수평인 면을 찾게 하여 전개도로부터 입체도형을 상상할 수 있게 한다. ⑤ 직육면체의 겨냥도를 그리면서 직선의 평행과 수직관계를 확인하게 한다. ⑥ 각기둥의 전개도는 간단한 형태만 다루고, 각뿔과 원뿔의 전개도는 다루지 않는다. ⑦ 직사각형, 직각삼각형, 반원을 한 직선을 중심으로 돌리는 활동을 통하여 원기둥, 원뿔, 구를 만들어 보게 한다. ⑧ 도형영역의 문제 상황에서 문제해결 전략 비교하기, 주어진 문제에서 필요 없는 정보나 부족한 정보 찾기, 조건을 바꾸어 새로운 문제 만들기, 문제해결 과정의 타당성 검토하기 등을 통해 문제해결 능력을 기르게 한다.	①, ③, ④, ⑤, ⑥, ⑦, 추론 ② 의사소통 ②, ③, ⑧ 문제해결	

다. 측정(5~6학년)

현행(2007년 개정)	개정안	수학적 배경	비고
■ 평면도형의 둘레(4학년) ① 간단한 평면도형의 둘레의 길이를 구할 수 있다. ■ 직사각형과 정사각형의 넓이(4학년) ① 넓이를 이해하고, $1cm^2$의 단위를 안다. ② 직사각형과 정사각형의 넓이 구하는 방법을 이해하고, 그 넓이를 구할 수 있다. ■ 평면도형의 넓이(5학년) ① 평행사변형, 삼각형, 사다리꼴, 마름모의 넓이 구하는 방법을 이해하고, 그 넓이를 구할 수 있다.	■ 평면도형의 둘레와 넓이 ① 간단한 평면도형의 둘레를 재어보는 활동을 바탕으로 둘레를 이해하고, 기본적인 평면도형의 둘레의 길이를 구할 수 있다. ② 넓이를 이해하고, $1cm^2$와 $1m^2$의 단위를 알며, 그 관계를 이해한다. ③ 직사각형의 넓이를 구하는 방법을 이해하고, 이를 바탕으로 직사각형과 정사각형의 넓이를 구할 수 있다. ④ 평행사변형, 삼각형, 사다리꼴, 마름모의 넓이를 구하는 방법을 다양하게 추론하고, 이와 관련된 문제를 해결할 수 있다.	④ 추론, 문제해결	사각형의 넓이와 관련한 문제해결을 포함.
■ 여러 가지 단위(5학년) ① 무게의 새로운 단위를 알고, 무게 단위 사이의 관계를 이해한다. ② 넓이의 새로운 단위를 알고, 넓이 단위 사이의 관계를 이해한다.	■ 여러 가지 단위 ① 실생활에서 무게를 나타내는 새로운 단위의 필요성을 인식하여 $1t$을 알고, 무게 단위 사이의 관계를 이해한다. ② 실생활에서 넓이를 나타내는 새로운 단위의 필요성을 인식하여 km^2, $1a$, $1ha$를 알고, 그 관계를 이해한다.	② 문제해결	넓이와 관련한 실생활 문제해결을 포함.
■ 원주율과 원의 넓이 (6학년) ① 원주율을 이해한다. ② 원주와 원의넓이 구하는 방법을 이해하고, 이를 구할 수 있다.	■ 원주율과 원의 넓이 ① 여러 가지 둥근 물체의 원주와 지름을 측정하는 활동을 통해 원주율을 이해한다. ② 원주와 원의 넓이를 구하는 방법을 이해하고, 이를 구할 수 있다.	① 추론	원주율을 이해하는 과정에서 측정활동을 강조함.
■ 겉넓이와 부피(6학년) ① 직육면체와 정육면체의 겉넓이 구하는 방법을 이해하고, 이를 구할 수 있다. ② 부피를 이해하고 $1cm^3$, $1m^3$의 단위를 알며, 단위 사이의 관계를 이해한다. ③ 직육면체와 정육면체의 부피 구하는 방법을 이해하고, 이를 구할 수 있다. ④ 부피와 들이 사이의 관계를 안다. ■ 원기둥의 겉넓이와 부피(6학년) ① 원기둥의 겉넓이와 부피 구하는 방법을 이해하고, 이를 구할 수 있다.	■ 겉넓이와 부피 ① 직육면체와 정육면체, 원기둥의 겉넓이를 구하는 방법을 이해하고, 이를 구할 수 있다. ② 부피를 이해하고 $1cm^3$, $1m^3$의 단위를 알며, 그 관계를 이해한다. ③ 직육면체와 정육면체, 원기둥의 부피를 구하는 방법을 이해하고, 이를 구할 수 있다.		부피의 양감을 강조하고 부피의 단위 환산은 삭제하여 학습량 감축. 부피와 들이 사이의 관계 삭제하여 학습량 감축. 원기둥의 부피를 다른 입체도형의 부피와 통합.

구분	현행(2007년 개정)	개정안	수학적 배경	비고
용어와 기호	밑변, 높이, t, m^2, km^2, a, ha 겉넓이, 부피, 원주, 원주율, cm^3, m^3	가로, 세로, 밑변, 높이, 원주, 원주율, cm^2, m^2, km^2, t, a, ha, cm^3, m^3		현행 학년의 5~6학년 군으로 이동.
교수·학습상의 유의점	① 삼각형의 넓이는 높이가 삼각형의 내부, 외부에 있는 것을 모두 다룬다. ② $1cm^2$, $1m^2$의 관계는 활동을 통하여 이해하게 한다. ③ 실생활에서 새로운 단위의 필요성을 느낄 수 있게 한다. ④ 복잡한 단위 환산은 다루지 않는다. ⑤ 원주율은 원의 지름과 원주를 측정하는 활동을 통해 이해하게 한다. ⑥ 원의 넓이는 구체적인 조작 활동을 통하여 여러 가지 방법으로 구한다.	① 삼각형의 넓이는 높이가 삼각형의 내부, 외부에 있는 것을 모두 다룬다. ② 넓이 단위 지도 시 복잡한 단위의 환산은 다루지 않는다. ③ 겉넓이와 부피를 구하는 방법에 대하여 다양한 추론을 하고, 자신의 추론 과정을 다른 사람에게 설명할 수 있게 한다. ④ 측정에 관련된 활동이나 원의 넓이, 겉넓이, 부피 등을 구할 때 복잡한 계산은 계산기를 사용하게 한다. ⑤ 측정 영역의 문제 상황에서 문제해결 전략 비교하기, 주어진 문제에서 필요 없는 정보나 부족한 정보 찾기, 조건을 바꾸어 새로운 문제 만들기, 문제해결 과정의 타당성 검토하기 등을 통해 문제해결 능력을 기르게 한다.	③ 추론, 의사소통 ⑤ 문제해결	

라. 규칙성(5~6학년)

현행(2007년 개정)	개정안	수학적 배경	비고
■ 비와 비율(5학년) ① 두 양의 크기를 비교하여 분수로 나타낼 수 있다. ② 두 양 사이의 비와 비율의 의미를 이해한다. ③ 비율을 여러 가지 방법으로 나타낼 수 있다.	■ 비와 비율 ① 두 양의 크기를 비교하는 상황을 통해 비의 개념을 이해하고, 그 관계를 비로 나타낼 수 있다. ② 비율을 이해하고, 비율을 분수, 소수, 백분율로 나타낼 수 있다.	② 의사소통	할, 푼, 리 삭제 : 학습량 감축 및 필요성 재고.
■ 방정식(6학년) ① 미지수를 x로 나타낼 수 있다. ② 등식의 성질을 이해하고, 이를 이용하여 간단한 방정식을 풀 수 있다.			방정식을 5~6학년군에서 중학교급의 일차방정식으로 이동 통합.

■ 비례식(6학년) ① 비례식을 이해하고, 이를 활용할 수 있다. ② 비례식의 성질을 이용하여 간단한 비례식을 풀 수 있다. ■ 연비와 비례배분(6학년) ① 연비의 뜻을 알고, 세 양 사이의 관계를 연비로 나타낼 수 있다. ② 비례배분의 뜻을 알고, 주어진 양을 비례 배분할 수 있다.	■ 비례식과 비례배분 ① 비례식의 뜻을 알고, 그 성질을 이해하며, 이를 활용 하여 간단한 비례식을 풀 수 있다. ② 비례배분의 뜻을 알고, 주어진 양을 비례 배분할 수 있다.	①, ② 문제해결	연비 삭제 : 학습량 감축 및 중요도 재고.
■ 정비례와 반비례(6학년) ① 두 수 사이의 대응관계를 x와 y를 사용하여 식으로 나타낼 수 있다. ② 정비례와 반비례 관계를 이해하고, 그 관계를 표나 식으로 나타낼 수 있다. ③ 정비례와 반비례 관계를 활용하여 실생활 문제를 해결할 수 있다.	■ 정비례와 반비례 ① 두 수 사이의 대응관계를 x와 y를 사용하여 식으로 나타낼 수 있다. ② 정비례와 반비례 관계를 이해하고, 그 관계를 표나 식으로 나타낼 수 있다. ③ 실생활에서 정비례와 반비례 관계의 예를 찾고, 이와 관련된 간단한 문제를 해결할 수 있다.	③ 문제해결	

구분	현행(2007년 개정)	개정안	수학적 배경	비고
용어와 기호	비, 기준량, 비교하는 양, 비율, 백분율, 할, 푼,리, :, %, 등식, 방정식, 비례식, 연비,비례배분, 정비례, 반비례, 관계식, 비례상수, x	비, 기준량, 비교하는 양, 비율, 백분율, 비례식, 비례배분, 정비례, 반비례, 비례상수, :, %		할, 푼, 리, 연비 삭제
교수 · 학습상의 유의점	① 두 양의 크기를 비교할 때에는 부분과 전체, 부분과 부분 사이의 관계를 다양하게 다룬다. ② 속력, 인구밀도 등과 같이 타 교과 및 실생활에서 비율이 사용되는 예를 찾아보고, 관련된 문제를 해결해 보게 한다. ① 미지수는 x 이외의 다른 문자도 사용할 수 있다. ② 등식의 성질은 구체물을 이용하여 다룬다. ③ 비례식, 연비, 비례배분은 간단한 경우만 다룬다. ④ 대응관계, 정비례, 반비례는 실생활의 예를 통하여 다룬다. ⑤ 두 수 사이의 대응관계를 도입할 때에는 $y = x + a$ 와 $y = a \times x$ 인 경우만 다룬다.	① 두 양을 비교할 때 한 양을 기준으로 다른 양이 몇 배가 되는지를 나타낼 필요성을 인식하게 하면서 비의 개념을 도입한다. ② 속력, 인구밀도, 축척 등과 같이 타 교과 및 실생활에서 비율이 적용되는 예를 찾아보고, 그와 관련된 간단한 문제를 해결하게 한다. ③ 두 수 사이의 대응관계를 도입할 때에는 $y = x + a$ 와 $y = a \times x$ 인 경우만 다룬다. ④ 속력과 거리, 속력과 시간과 같은 실생활의 예를 통해 정비례와 반비례 관계를 직관적으로 파악하게 한다. ⑤ 규칙성 영역의 문제 상황에서 문제해결 전략 비교하기, 주어진 문제에서 필요 없는 정보나 부족한 정보 찾기, 조건을 바꾸어 새로운 문제 만들기, 문제해결 과정의 타당성 검토하기 등을 통해 문제해결능력을 기르게 한다.	②, ⑤ 문제해결 ④ 추론	

마. 확률과 통계(5~6학년)

현행(2007년 개정)	개정안	수학적 배경	비고
■ 자료의 표현과 해석(5학년) ② 평균의 의미를 알고, 주어진 자료의 평균을 구할 수 있다.	■ 가능성과 평균 ① 실생활 속에서 가능성을 수치로 나타내는 예를 알아보고, 사건이 일어날 가능성을 수로 표현할 수 있다. ② 평균의 의미를 알고, 주어진 자료의 평균을 구할 수 있으며, 이를 활용할 수 있다.	① 의사소통 ② 문제해결	6학년의 경우의 수를 중학교로 이동하는 대신 생활 속의 예를 통한 가능성 지도를 도입.
■ 자료의 표현과 해석(5학년) ① 자료를 정리하여 줄기와 잎그림이나 그림그래프로 나타내고, 자료의 특성을 파악할 수 있다. ③ 목적에 맞게 자료를 수집하고 정리하여 적절한 그래프로 나타내고, 자료의 특성을 설명할 수 있다	■ 자료의 표현 ① 실생활 자료를 그림그래프로 나타내고, 이를 활용할 수 있다. ② 실생활 자료를 수집하여 목적에 맞는 그래프로 나타내고, 자료의 특성을 설명할 수 있다.	① 문제해결 ② 의사소통	줄기와 잎 그림 삭제 : 줄기와 잎그림은 초등학교의 다른 내용과 연결성이 미약하고 중학교의 통계 내용과 의미 있게 연결되므로 중학교로 이동.
■ 비율그래프(6학년) ① 띠그래프와 원그래프의 의미를 알고, 이를 활용할 수 있다. ② 비율그래프에서 자료의 특성을 찾아보고, 이를 설명할 수 있다.	■ 비율그래프 ① 주어진 자료를 띠그래프와 원그래프로 나타낼 수 있다. ② 비율그래프를 해석하고, 이를 설명할 수 있다.	① 문제해결 ② 의사소통	
■ 경우의 수와 확률(6학년) ① 경우의 수의 뜻을 알고, 이를 구할 수 있다. ② 경우의 수를 바탕으로 확률의 의미를 이해한다.			경우의 수와 확률 삭제 : 다른 내용과 연결성이 미약하고 중학교와 중복되어 중학교급으로 이동 통합.

구분	현행(2007년 개정)	개정안	수학적 배경	비고
용어 와 기호	줄기와 잎그림, 평균, 띠그래프, 원그래프, 경우의 수, 확률	평균, 가능성, 띠그래프, 원그래프		줄기와 잎그림, 경우의 수, 확률 삭제.
교수 · 학습상의 유의점		① 사건이 일어날 가능성은 0, $\frac{1}{4}$, $\frac{1}{2}$, $\frac{3}{4}$, 1 정도로 표현할 수 있게 한다. ② 원그래프를 그릴때에는 눈금이 표시된 원을 사용하게 한다. ③ 비율그래프를 지도할 때에는 신문, 인터넷 등에 있는 표와 그래프를 소재로 활용할 수 있게 한다. ④ 확률과 통계 영역의 문제 상황에서 문제 결 전략 비교하기, 주어진 문제에서 필요 없는 정보나 부족한 정보 찾기, 조건을 바꾸어 새로운 문제 만들기, 문제해결 과정의 타당성 검토하기 등을 통해 문제해결능력을 기르게 한다.	③, ④ 문제해결	

2. 중학교

구분	1학년	2학년	3학년
수와 연산	• 소인수분해 • 최대공약수, 최소공배수 • 정수와 유리수의 개념, 대소관계, 사칙 계산	• 순환소수 • 유리수와 순환소수의 관계	• 제곱근의 뜻과 성질 • 무리수 • 실수의 대소관계 • 근호를 포함한 식의 사칙 계산
문자와 식	• 문자의사용 • 식의 값 • 일차식의 덧셈과 뺄셈 • 일차방정식	• 지수법칙 • 다항식의 덧셈과 뺄셈 • 다항식의 곱셈과 곱셈공식 • 다항식의 나눗셈 • 등식의 변형 • 연립일차방정식 • 부등식의 성질과 일차부등식 • 연립일차부등식	• 인수분해 • 이차방정식
함수	• 함수의 개념 • 순서쌍과 좌표 • 함수의 그래프	• 일차함수의 의미와 그래프 • 일차함수의 활용 • 일차함수와 일차방정식의 관계	• 이차함수의 의미 • 이차함수의 그래프의 성질
확률과 통계	• 줄기와 잎그림 도수분포표 히스토그램 도수분포다각형 • 도수분포표에서의 평균 • 상대도수의 분포	• 경우의 수 • 확률의 뜻과 기본 성질 • 확률의 계산	• 중앙값, 최빈값, 평균 • 분산, 표준편차
기하	• 점, 선, 면, 각 • 점, 직선, 평면 사이의 위치 관계 • 평행선의 성질 • 삼각형의 작도 • 삼각형의 합동조건 • 다각형의 성질 • 부채꼴에서 중심각과 호의 관계 • 부채꼴에서 호의 길이와 넓이 • 다면체 회전체의 성질 • 입체도형의 겉넓이와 부피	• 이등변 삼각형의 성질 • 삼각형의 외심, 내심 • 사각형의 성질 • 닮은 도형의 성질 • 삼각형의 닮음 조건 • 평행선 사이에 있는 선분의 길이와 비 • 닮은 도형의 성질 활용	• 피타고라스 정리 • 삼각비 • 원의 현, 접선에 대한 성질 • 원주각의 성질

가. 수와 연산

현행(2007년 개정)	개정안	수학적 배경	비고
■ 집합(1학년) ① 집합의 개념을 이해하고, 집합을 표현할 수 있다. ② 두 집합 사이의 포함 관계를 이해한다. ③ 집합의 연산을 할 수 있다.			이동 : 현행 집합을 고등으로 이동.
■ 자연수의 성질(1학년) ① 거듭제곱의 뜻을 안다. ② 소인수분해의 뜻을 알고, 자연수를 소인수분해 할 수 있다. ③ 최대공약수와 최소공배수의 성질을 이해하고, 이를 구할 수 있다. ④ 최대공약수와 최소공배수를 활용하여 여러 가지 문제를 해결할 수 있다. ⑤ 십진법과 이진법의 원리를 이해하고, 자연수를 십진법과 이진법의 전개식으로 나타낼 수 있다. ⑥ 십진법과 이진법 사이의 관계를 이해한다.	■ 소인수분해(1학년) ① 거듭제곱의 뜻을 안다. ② 소인수분해의 뜻을 알고, 자연수를 소인수분해 할 수 있다. ③ 최대공약수와 최소공배수의 성질을 이해하고, 이를 구할 수 있다. ④ 최대공약수와 최소공배수를 활용하여 여러 가지 문제를 해결 할 수 있다.	① 의사소통 ③ 추론 ④ 문제해결	영역 명 변경 (학습내용의 특성을 잘 보여주기 위해) 현행 ⑤, ⑥ 삭제(학습량 감축).
■ 정수(1학년) ① 정수의 개념을 이해한다. ② 정수의 대소 관계를 이해한다. ③ 정수의 사칙계산의 원리를 이해하고, 그 계산을 할 수 있다. ■ 유리수(1학년) ① 유리수의 개념을 이해한다. ② 유리수의 대소 관계를 이해한다. ③ 유리수의 사칙계산의 원리를 이해하고, 그 계산을 할 수 있다.	■ 정수와 유리수(1학년) ① 정수와 유리수의 개념을 이해한다. ② 정수와 유리수의 대소 관계를 이해한다. ③ 정수와 유리수의 사칙계산의 원리를 이해하고, 그 계산을 할 수 있다.	③ 문제해결	영역 통합.
■ 유리수와 순환소수(2학년) ① 순환소수의 의미를 이해한다. ② 유리수와 순환소수의 관계를 이해한다.	■ 유리수와 순환소수(2학년) ① 순환소수의 의미를 이해한다. ② 유리수와 순환소수의 관계를 이해한다.	② 추론	
■ 근삿값(2학년) ① 근삿값과 오차의 의미를 이해하고, 근삿값에 대한 참값의 범위를 구할 수 있다. ② 근삿값의 표현 방법을 안다.			삭제 (학습량 감축)

■ 제곱근과 실수(3학년) ① 제곱근의 뜻을 알고, 그 성질을 이해한다. ② 무리수의 개념을 이해한다. ③ 수직선에서 실수의 대소 관계를 이해한다.	■ 제곱근과 실수(3학년) ① 제곱근의 뜻을 알고, 그 성질을 이해한다. ② 무리수의 개념을 이해한다. ③ 실수의 대소관계를 이해한다.		
■ 근호를 포함한 식의 계산(3학년) ① 근호를 포함한 식의 사칙 계산을 할 수 있다.	■ 근호를 포함한 식의 계산(3학년) ① 근호를 포함한 식의 사칙 계산을 할 수 있다.		

구분	현행(2007년 개정)	개정안	수학적 배경	비고
용어 와 기호	집합, 원소, 원소나열법, 조건제시법, 유한집합, 무한집합, 공집합, 부분집합, 진부분집합, 서로같다, 벤다이어그램, 합집합, 교집합, 전체집합, 여집합, 차집합, 소수, 합성수, 거듭제곱, 지수, 밑, 소인수, 소인수분해, 서로소, 십진법, 이진법,진법의전개식, 양수, 음수, 양의 정수, 음의정수, 정수, 수직선, 양의유리수, 음의유리수, 유리수, 절댓값, 교환법칙, 결합법칙, 분배법칙, 역수, $a{\in}A$, $b{\notin}A$, ϕ, $A{\subset}B$, $A{=}B$, $A{\neq}B$, $A{\cup}B$, $A{\cap}B$, U, A^c, $A{-}B$, $n(A)$, 1011(2) 양의 부호(+), 음의 부호(−), 절댓값기호(∣ ∣), ≤, ≥, 유한소수, 무한소수, 순환소수, 순환마디, 참값, 측정값, 근삿값, 오차, 오차의한계, 유효숫자, 2.415, $a{\times}\frac{1}{10^n}$(1≦a<10, n은 양의 정수), $a{\times}10^n$(1≦a<10, n은 양의 정수) 제곱근, 근호, 무리수, 실수, 분모의 유리화, $\sqrt{}$	소수, 합성수, 거듭제곱, 지수,밑, 소인수, 소인수분해, 서로소, 양의정수, 음의정수, 정수, 수직선, 양의 유리수, 음의 유리수, 유리수, 양수, 음수, 절댓값, 교환법칙, 결합법칙, 분배법칙, 역수, 유한소수, 무한소수, 순환소수, 순환마디, 제곱근, 근호, 무리수, 실수, 분모의 유리화, 양의 부호(+), 음의 부호(−), 절댓값기호(∣ ∣), ≤, ≥, 순환소수표현 (예. 2.415), $\sqrt{}$		이동(고등) : 집합, 원소, 원소나열법, 조건제시법, 유한집합, 공집합, 부분집합, 진부분집합, 서로같다, 벤 다이어그램, 합집합, 교집합, 전체집합, 여집합, 차집합, 삭제 : 십진법, 이진법, 진법의 전개식, 서로같다, 참값, 측정값, 근삿값, 오차, 오차의 한계, 유효숫자, 효숫자, $a{\times}10^n$, $a{\times}\frac{1}{10^n}$ (1≦ a<10, n은 양의 정수)
교 수 · 학 습 상 의 유 의 점	① 집합의 연산에서는 두 집합의 연산을 주로 다룬다. ② 약수와 배수는 자연수의 범위에서만 다룬다. ③ 유한소수를 순환소수로 나타내는 것은 강조하지 않는다. ④ 순환소수를 분수로 고칠 때 공식화하는 것은 강조하지 않는다. ⑤ 근삿값을 다룰 때 과학이나 실생활 관련 소재를 사용한다. ⑥ 제곱근의 근삿값이 필요할 때에는 제곱근표나 계산기를 사용하고, 제곱근 풀이법은 다루지 않는다.	① 약수와 배수는 자연수의 범위에서만 다룬다. ② 유한소수를 순환소수로 나타내는 것은 다루지 않는다. ③ 순환소수를 분수로 고치는 것은 순환소수가 유리수임을 이해할 수 있는 정도로만 다룬다. ④ 다양한 상황을 이용하여 음수와 무리수의 필요성을 인식하게 한다. ⑤ 수의 계산에서 자신의 풀이 방법을 설명하게 한다.	④ 의사소통 ⑤ 의사소통	

나 . 문자와 식

현행(2007년 개정)	개정안	수학적 배경	비고
■ 문자의 사용과 식의 계산(1학년) ① 문자를 사용하여 식을 간단히 나타낼 수 있다. ② 식의 값을 구할 수 있다. ③ 일차식의 덧셈과 뺄셈의 원리를 이해하고, 그 계산을 할 수 있다.	■ 문자의 사용과 식의계산 (1학년) ① 다양한 상황을 문자를 사용한 식으로 간단히 나타낼 수 있다. ② 식의값을 구할 수 있다. ③ 일차식의 덧셈과 뺄셈의 원리를 이해하고, 그 계산을 할 수 있다.	① 의사소통	
■ 일차방정식(1학년) ① 일차방정식과 해의 의미를 이해한다. ② 등식의 성질을 이해하고 이를 활용할 수 있다. ③ 일차방정식을 풀 수 있다. ■ 일차방정식의 활용(1학년) ① 일차방정식을 활용하여 여러 가지 문제를 해결할 수 있다.	■ 일차방정식(1학년) ① 다양한 상황을 이용하여 일차방정식과 그 해의 의미를 이해한다. ② 등식의 성질을 이해하고 일차방정식을 풀 수 있다. ③ 일차방정식을 활용하여 다양한 실생활 문제를 해결 할 수 있다.	① 의사소통 ③ 문제해결	영역통합 : 일차방정식과 활용을 통합.
■식의 계산(2학년) ① 이차식의 덧셈과 뺄셈의 원리를 이해하고, 그 계산을 할 수 있다. ② 지수법칙을 이해한다. ③ 다항식의 곱셈의 원리를 이해하고, 곱셈공식을 유도할 수 있다. $(a+b)(c+d)=ac+ad+bc+bd$ $(a+b)^2=a^2+2ab+b^2$ $(a-b)^2=a^2-2ab+b^2$ $(a+b)(a-b)=a^2-b^2$ $(x+a)(x+b)=x^2+(a+b)x+ab$ $(ax+b)(cx+d)=acx^2+(ad+bc)x+bd$ ④ 다항식의 나눗셈의 원리를 이해하고, 그 계산을 할 수 있다. ⑤ 간단한 등식을 변형할 수 있다.	■ 식의 계산(2학년) ① 이차식의 덧셈과 뺄셈의 원리를 이해하고, 그 계산을 할 수 있다. ② 지수법칙을 이해한다. ③ 다항식의 곱셈의 원리를 이해하고, 곱셈공식을 유도할 수 있다. ④ 다항식의 나눗셈의 원리를 이해하고, 그 계산을 할 수 있다. ⑤ 간단한 등식을 변형할 수 있다.	① 추론 ③ 추론	
■ 미지수가 2개인 연립일차방정식(2학년) ① 미지수가 2개인 일차방정식의 의미를 이해한다. ② 미지수가 2개인 연립일차방정식과 그 해의 의미를 이해한다. ③ 미지수가 2개인 연립 일차방정식을 풀 수 있다. ■ 연립일차방정식의 활용(2학년) ① 미지수가 2개인 연립일차방정식을 활용하여 여러 가지 문제를 해결할 수 있다.	■ 미지수가 2개인 연립일차방정식(2학년) ① 미지수가 2개인 일차방정식과 그 해의 의미를 이해한다. ② 미지수가 2개인 연립일차방정식과 그 해의 의미를 이해하고, 이를 풀 수 있다. ③ 미지수가 2개인 연립일차방정식을 활용하여 다양한 실생활 문제를 해결할 수 있다.	③ 문제해결	영역 통합 : 연립방정식과 활용을 통합.

■ 일차부등식과 연립일차부등식(2학년) ① 부등식과 그 해의 의미를 이해한다. ② 부등식의 기본성질을 이해한다. ③ 일차부등식과 그 해의 의미를 이해하고, 일차부등식을 풀 수 있다. ④ 연립일차부등식과 그 해의 의미를 이해하고, 연립일차부등식을 풀 수 있다. ■ 일차부등식과 연립일차부등식의 활용 (2학년) ① 일차부등식 또는 연립일차부등식을 활용하여 여러 가지 문제를 해결할 수 있다.	■ 일차부등식과 연립일차부등식(2학년) ① 다양한 상황을 이용하여 일차부등식과 그 해의 의미를 이해한다. ② 부등식의 기본성질을 이용하여 일차부등식을 풀 수 있다. ③ 연립일차부등식과 그 해의 의미를 이해하고, 이를 풀 수 있다. ④ 일차부등식 또는 연립일차부등식을 활용하여 다양한 실생활 문제를 해결할 수 있다.	① 의사소통 ④ 문제해결	영역 통합 : 부등식과 활용을 통합.
■ 다항식의 인수분해(3학년) ① 인수분해의 뜻을 알고, 인수분해를 할 수 있다. $ma+ma=m(a+b)$, $a^2+2ab+b^2=(a+b)^2$ $a^2+2ab+b^2=(a+b)^2, a^2-b^2=(a+b)(a-b)$ $x^2+(a+b)x+ab=(a+b)(a+b)$ $acx^2+(ab+bc)x+bd=(ax+b)(cx+d)$	■ 다항식의 인수분해(3학년) ① 인수분해의 뜻을 알고, 인수분해를 할 수 있다		
■ 이차방정식(3학년) ① 이차방정식과 그 해의 의미를 이해하고, 이차방정식을 풀 수 있다. ■ 이차방정식의 활용(3학년) ① 이차방정식을 활용하여 여러 가지 문제를 해결할 수 있다.	■ 이차방정식(3학년) ① 이차방정식과 그 해의 의미를 이해하고, 이를 풀 수 있다. ② 이차방정식을 활용하여 여러 가지 문제를 해결 할 수 있다.	② 문제해결	영역 통합 : 이차방정식과 활용을 통합.

구분	현행(2007년 개정)	개정안	수학적 배경	비고
용어 와 기호	대입, 식의값, 다항식, 항, 단항식, 상수항, 계수, 차수, 일차식, 동류항, 좌변, 우변, 양변, 미지수, 해, 근, 항등식, 이항, 일차방정식, 이차식, 전개, 전개식, 연립방정식, 연립일차방정식, 소거, 가감법, 대입법, 부등식, 일차부등식, 연립부등식, 연립일차부등식, 인수, 인수분해, 완전제곱식, 이차방정식, 중근, 근의 공식	대입, 다항식, 항, 단항식, 상수항, 계수, 차수, 일차식, 동류항, 등식, 방정식, 미지수, 해, 근, 항등식, 이항, 일차방정식, 전개, 연립방정식, 연립일차방정식, 부등식, 일차부등식, 연립부등식, 연립일차부등식, 인수, 인수분해, 완전제곱식, 이차방정식, 중근, 근의 공식		삭제 : 식의 값, 좌변, 우변, 양변, 이차식, 전개식, 소거, 가감법, 대입법
교수 · 학습상의 유의점	① 일차식의 계산에서는 하나의 문자에 관한 일차식만 다룬다. ② 지수법칙은 지수가 자연수인 범위에서 다룬다. ③ 다항식의 나눗셈은 나누는 식이 단항식이고 그 몫이 다항식인 것만 다룬다. ④ 다항식의 사칙계산을 할 때, 지나치게 복잡한 계산은 다루지 않는다. ⑤ 인수분해는 곱셈공식을 이용할 수 있는 간단한 형태를 주로 다룬다. ⑥ 이차방정식은 실수해를 가지는 경우만 다룬다.	① 다양한 상황을 이용하여 문자의 필요성을 알게 한다. ② 일차방정식으로 나타낼 수 있는 실생활 문제를 찾아 해결하게 한다. ③ 지수법칙은 지수가 자연수인 범위에서 단항식의 곱셈과 나눗셈을 하는데 필요한 정도로 다룬다. ④ 곱셈공식은 다음의 경우만 다룬다. $(a+b)^2=a^2+2ab+b^2$ $(a-b)^2=a^2-2ab+b^2$ $(a+b)(a-b)=a^2-b^2$ $(x+a)(x+b)=x^2+(a+b)x+ab$ $(ax+b)(cx+d)=acx^2+(ad+bc)x+bd$ ⑤ 다항식의 나눗셈에서는 다항식을 단항식으로 나누어 그 몫이 다항식이 되는 경우만 다룬다. ⑥ 방정식과 부등식의 의미는 다양한 상황을 통해 도입한다. ⑦ 방정식과 부등식의 해가 문제의 의도에 맞는지 확인하게 한다. ⑧ 방정식과 부등식에서 자신의 풀이 방법을 설명할 수 있게 한다. ⑨ 인수분해는 이차방정식의 해를 구하는데 필요한 정도로 다룬다. $ma+mb=m(a+b)$ $a^2+2ab+b^2=(a+b)^2$ $a^2-2ab+b^2=(a-b)^2$ $a^2-b^2=(a+b)(a-b)$ $x^2+(a+b)x+ad=(x+a)(x+b)$ $acx^2+(ab+bc)x+bd=(ax+b)(cx+d)$ ⑩ 이차방정식은 해가 실수인 경우만 다룬다. ⑪ 식의값, 좌변, 우변, 양변, 이차식, 전개식, 소거, 가감법, 대입법 용어는 교수 · 학습상황에서 다루어질 수 있다.	① 의사소통 ② 추론, 문제해결 ⑥ 의사소통 ⑦ 문제해결 ⑧ 의사소통	

다. 함수

현행(2007년 개정)	개정안	수학적 배경	비고
■ 함수와 그래프(1학년) ① 함수의 개념을 이해한다. ② 순서쌍과 좌표를 이해한다. ③ 함수를 표, 식, 그래프로 나타낼 수 있다.	■ 함수와 그래프(1학년) ① 다양한 상황을 표와 식으로 나타내고, 함수의 개념을 이해한다. ② 순서쌍과 좌표를 이해한다. ③ 함수를 그래프로 나타낼 수 있다. ④ 함수를 활용하여 여러 가지 문제를 해결할 수 있다.	① 의사소통 ④ 문제해결	중영역 통합 : 함수와 함수의 활용을 통합하여 제시.
■ 함수의 활용(1학년) ① 함수를 활용하여 실생활 문제를 해결할 수 있다. ■ 일차함수와 그래프(2학년) ① 일차함수의 의미를 이해하고, 그 그래프를 그릴 수 있다. ② 일차함수의 그래프의 성질을 이해한다.	■ 일차함수와 그래프(2학년) ① 일차함수의 의미를 이해하고, 그 그래프를 그릴 수 있다. ② 일차함수의 그래프의 성질을 이해한다. ③ 일차함수를 활용하여 여러 가지 문제를 해결할 수 있다.	② 추론, 의사소통 ③ 문제해결	중영역 통합 : 현행 일차함수의 활용에서 ③을 개정 일차함수와 그래프에 통합.
■ 일차함수의 활용(2학년) ① 일차함수와 미지수가 2개인 일차방정식의 관계를 이해한다. ② 두 일차함수의 그래프를 통하여 연립일차방정식의 해를 이해한다. ③ 일차함수를 활용하여 여러 가지 문제를 해결할 수 있다.	■ 일차함수와 일차방정식의 관계(2학년) ① 일차함수와 미지수가 2개인 일차방정식의 관계 를 이해한다. ② 두 일차함수의 그래프를 통하여 연립일차방정식의 해를 이해한다.	② 추론	중영역명 변경.
■ 이차함수와 그래프(3학년) ① 이차함수의 의미를 이해하고, 그 그래프를 그릴 수 있다. ② 이차함수의 그래프의 성질을 이해한다.	■ 이차함수와 그래프(3학년) ① 이차함수의 의미를 이해하고, 그 그래프를 그릴 수 있다. ② 이차함수의 그래프의 성질을 이해한다.	② 추론, 의사소통	

구분	현행(2007년 개정)	개정안	수학적 배경	비고
용어 와 기호	변수, 함수, 정의역, 공역, 함숫값, 치역, 좌표, 순서쌍, x 좌표, y 좌표, 원점, 좌표축, x축, y축, 좌표평면, 제1사분면, 제2사분면, 3사분면, 제4사분면, 함수의그래프, $f(x)$, $y=f(x)$, 일차함수, 기울기, x절편, y절편, 평행이동, 직선의방정식, 이차함수, 포물선, 축, 꼭짓점, 최댓값, 최솟값	변수, 함수, 함숫값, 좌표, 순서쌍, x 좌표, y좌표, 원점, 좌표축, x축, y축, 좌표평면, 제1사분면, 제2사분면, 제3사분면, 제4사분면, 함수의그래프, 일차함수, 기울기, x절편, y절편, 평행이동, 직선의 방정식, 이차함수, 포물선, 축, 꼭짓점, 최댓값, 최솟값, $f(x)$, $y=f(x)$		삭제 : 정의역, 공역, 치역(고등학교 이동).

| 교수·학습상의 유의점 | ① 함수 개념은 실생활에서 한 양이 변함에 따라 다른 양이 하나씩 정해지는 두 양 사이의 대응관계를 이용하여 도입한다.
② 함수 개념의 지도에서 대응의 의미는 직관적인 수준에서 다룬다.
③ 두 일차함수의 그래프를 통한 연립일차방정식의 해에 대한 지도는 연립일차방정식의 해가 두 직선의 교점임을 이해하는 정도로 다룬다
④ 이차방정식의 해와 이차함수의 그래프 사이의 관계는 다루지 않는다.
⑤ 이차함수에서 최댓값과 최솟값은 정의역이 실수 전체인 경우만 다룬다. | ① 함수를 도입할 때 정비례와 반비례 이외의 상황을 다룰 수 있다.
② 함수의 개념은 다양한 상황에서 한 양이 변함에 따라 다른 양이 하나씩 정해지는 두 양 사이의 대응 관계를 이용하여 도입한다.
③ 다양한 상황을 표, 식, 그래프로 나타내고, 설명하게 한다.
④ 다양한 상황을 이용하여 일차함수와 이차함수의 의미를 다룬다.
⑤ 이차함수에서 최댓값과 최솟값은 x의 범위가 실수 전체인 경우만 다룬다.
⑥ 공학적 도구를 활용하여, 함수의 그래프를 그리고 다양한 상황을 해석할 수 있게 한다. | ①
문제해결

③
의사소통

⑥
추론 | |

라. 확률과 통계

현행(2007년 개정)	개정안	수학적 배경	비고
■ 도수분포와 그래프(1학년) ① 도수분포표, 히스토그램, 도수분포 다각형을 이해한다. ② 주어진 자료를 표나 그래프로 나타내고, 이를 해석할 수 있다. ③ 도수분포표에서 평균의 뜻을 알고, 이를 구할 수 있다. ■ 상대도수의 분포와 누적도수의 분포(1학년) ① 상대도수의 분포와 누적도수의 분포를 이해하고, 이를 그래프로 나타낼 수 있다.	■ 도수분포와 그래프(1학년) ① 줄기와 잎그림, 도수분포표, 히스토그램, 도수분포 다각형을 이해하고 해석할 수 있다. ② 도수분포표로 주어진 자료의 평균을 구할 수 있다. ③ 상대도수를 구하며, 이를 그래프로 나타내고, 상대도수의 분포를 이해한다.	① 추론 ② 의사소통	추가 : 줄기와 잎그림을 현행 ①에 추가. 삭제 : 누적도수의 분포. 중영역 통합.
■ 확률과 그 기본성질 (2학년) ① 경우의 수를 구할 수 있다. ② 확률의 뜻을 알고, 그 기본 성질을 이해한다. ③ 간단한 확률의 계산을 할 수 있다. ■ 대푯값과 산포도(3학년) ① 중앙값, 최빈값, 평균의 의미를 이해하고, 이를 구할 수 있다. ② 분산과 표준편차의 의미를 이해하고, 이를 구할 수 있다.	■ 확률과 그 기본성질(2학년) ① 경우의 수를 구할 수 있다. ② 확률의 의미와 그 기본성질을 이해한다. ③ 확률의 계산을 할 수 있다. ■ 대푯값과 산포도(3학년) ① 중앙값, 최빈값, 평균의 의미를 이해하고, 이를 구할 수 있다. ② 분산과 표준편차의 의미를 이해하고, 이를 구할 수 있다.	① 추론 ③ 문제해결 ① 추론, 문제해결	

구분	현행(2007년 개정)	개정안	수학적 배경	비고
용어와 기호	변량, 계급, 계급의 크기, 도수, 도수분포표, 계급값, 히스토그램, 도수분포다각형, 상대도수, 누적도수, 사건, 중앙값, 최빈값, 대푯값, 산포도, 편차, 분산, 표준편차	변량, 줄기와 잎그림, 계급, 계급의 크기, 도수, 도수분포표, 계급값, 히스토그램, 도수분포다각형, 상대도수, 사건, 확률, 중앙값, 최빈값, 대푯값, 산포도, 편차, 분산, 표준편차		추가 : 줄기와 잎그림, 확률 삭제: 누적도수
교수·학습상의 유의점	① 실생활 자료를 수집하여 정리하고, 표나 그래프로 나타낼 수 있게 한다. ② 가평균을 이용하여 평균을 구하는 것은 다루지 않는다. ③ 경우의 수를 구할 때, 지나치게 복잡한 경우는 다루지 않는다. ④ 확률 개념의 도입과 계산에서는 간단한 경우의 수 또는 상대도수와 관련된 소재를 다룬다. ⑤ 실생활의 여러 소재를 이용하여 대푯값과 산포도를 도입하고, 그 필요성을 인식하게 한다.	① 다양한 상황에서 자료를 수집하게 하고, 수집한 자료가 적절한지 판단하는 활동을 하게 한다. ② 다양한 상황의 자료를 표나 그래프로 나타내고, 그 분포의 특성을 설명할 수 있게 한다. ③ 눈금 등을 잘못 사용하여 자료를 부정확하게 나타낸 표나 그래프에서 오류를 찾는 활동을 하게 한다. ④ 상대도수는 도수의 총합이 다른 두 집단의 분포를 비교하는 상황에서 다룬다. ⑤ 경우의 수는 두 경우의수를 합하거나 곱하는 경우 정도로만 다룬다. ⑥ 확률은 실험이나 관찰 상황에서 구한 상대도수로서 의미와 경우의 수의 비율로서의 의미를 연결하여 이해하게 한다. ⑦ 경우의 수의 비율로 확률을 다룰 때, 각 경우가 발생 할 가능성이 동등하다는 것을 가정한다는 점에 유의한다. ⑧ 확률의 계산에서는 경우의 수를 활용하는 것을 다룬다. ⑨ 자료의 특성에 따라 적절한 대푯값을 선택하여 구할 수 있게 한다. ⑩ 공학적 도구를 활용하여, 표와 그래프를 그리고 대푯값과 산포도를 구할 수 있게 한다. ⑪ 경우의 수 용어는 교수·학습 상황에서 다루어질 수 있다.	① 추론 ② 추론, 의사소통 ③ 추론 ④ 추론 ⑧ 문제해결 ⑨ 추론	

마. 기하

현행(2007년 개정)	개정안	수학적 배경	비고
■ 기본도형(1학년) ① 점, 선, 면, 각의 성질을 이해한다. ② 점, 직선, 평면의 위치관계를 이해한다. ③ 평행선의 성질을 이해한다.	■ 기본도형(1학년) ① 점, 선, 면, 각을 이해하고, 점, 직선, 평면의 위치관계를 설명할 수 있다. ② 평행선에서 동위각과 엇각의 성질을 이해한다.	① 의사소통	
■ 작도와 합동(1학년) ① 간단한 도형을 작도할 수 있다. ② 합동인 도형의 성질을 이해한다. ③ 삼각형의 결정조건과 합동조건을 이해한다.	■ 작도와 합동(1학년) ① 삼각형을 작도할 수 있다. ② 삼각형의 합동 조건을 이해하고, 이를 이용하여 두 삼각형이 합동인지 판별할 수 있다.	② 추론	• 삭제 : 삼각형의 결정조건(삼각형의 합동조건과 내용 중복)
■ 평면도형의 성질(1학년) ① 다각형의 성질을 이해한다. ② 다각형의 내각과 외각의 크기를 구할 수 있다. ③ 부채꼴의 중심각과 호의 관계를 이해한다. ④ 부채꼴의 넓이와 호의 길이를 구할 수 있다. ⑤ 원과 직선의 위치관계를 이해한다. ⑥ 두 원의 위치관계를 이해한다.	■ 평면도형의 성질(1학년) ① 다각형의 성질을 이해한다. ② 부채꼴의 중심각과 호의 관계를 이해하고, 이를 이용하여 부채꼴의 넓이와 호의 길이를 구할 수 있다.	① 추론 ② 문제해결	삭제 : 현행 ⑤, ⑥
■ 입체도형의 성질(1학년) ① 다면체의 뜻을 알고, 그 성질을 이해한다. ② 회전체의 뜻을 알고, 그 성질을 이해한다. ③ 입체도형의 겉넓이와 부피를 구할 수 있다.	■ 입체도형의 성질(1학년) ① 다면체의 뜻을 알고, 그 성질을 이해한다. ② 회전체의 뜻을 알고, 그 성질을 이해한다. ③ 입체도형의 겉넓이와 부피를 구할 수 있다.	①, ② 추론 ③ 문제해결	
■ 삼각형과 사각형의 성질(2학년) ① 명제의 뜻과 증명의 의미를 이해한다. ② 삼각형의 합동조건을 이용하여 삼각형과 사각형의 성질을 증명할 수 있다.	■ 삼각형과 사각형의 성질(2학년) ① 이등변 삼각형의 성질을 이해하고 설명할 수 있다. ② 삼각형의 외심과 내심의 성질을 이해하고 설명할 수 있다. ③ 사각형의 성질을 이해하고 설명할 수 있다.	①, ②, ③ 추론, 의사소통	삭제 : 현행 ① 의 명제, 증명 (엄밀한 형식적 증명 대신 정당화로 학습함).
■ 도형의 닮음(2학년) ① 도형의 닮음의 뜻을 안다. ② 닮은 도형의 성질을 이해한다. ③ 삼각형의 닮음 조건을 이해한다.	■ 도형의 닮음(2학년) ① 도형의 닮음의 뜻을 안다. ② 닮은 도형의 성질을 이해한다. ③ 삼각형의 닮음 조건을 이해하고, 이를 이용하여 두 삼각형이 닮음인지 판별할 수 있다.	③ 추론, 의사소통	

■ 닮음의 활용(2학년) ① 평행선 사이에 있는 선분의 길이의 비에 대한 성질을 이해하고, 이를 활용할 수 있다. ② 삼각형의 중점연결정리를 이해하고, 이를 활용할 수 있다. ③ 닮음비를 이용하여 닮은 도형의 넓이와 부피를 구할 수 있다.	■ 닮음의 활용(2학년) ① 평행선 사이의 선분의 길이의 비를 구할 수 있다. ② 닮은 도형의 성질을 활용하여 여러 가지 문제를 해결할 수 있다.	① 추론, 문제해결 ② 문제해결	
■ 피타고라스의 정리(3학년) ① 피타고라스의 정리를 알고, 이를 증명할 수 있다. ② 피타고라스의 정리를 간단한 도형에 활용할 수 있다.	■ 피타고라스 정리(3학년) ① 피타고라스 정리를 이해하고 설명할 수 있다. ② 피타고라스 정리를 활용하여 여러 가지 문제를 해결할 수 있다.	① 추론, 의사소통 ② 문제해결	
■ 삼각비(3학년) ① 삼각비의 뜻을 알고, 간단한 삼각비의 값을 구할 수 있다. ② 삼각비를 활용하여 실생활 문제를 해결할 수 있다.	■ 삼각비(3학년) ① 삼각비의 뜻을 알고, 간단한 삼각비의 값을 구할 수 있다. ② 삼각비를 활용하여 다양한 실생활 문제를 해결할 수 있다.	①, ② 문제해결	
■ 원과직선(3학년) ① 원에서 현에 관한 성질을 이해한다. ② 원의 접선에 대한 성질을 이해한다. ■ 원주각(3학년) ① 원주각의 성질을 이해하고, 이를 활용할 수 있다. ② 원에 내접하는 사각형의 성질을 이해한다. ③ 원과 비례에 관한 성질을 이해한다.	■ 원의 성질(3학년) ① 원의 현에 관한 성질과 접선에 관한 성질을 이해한다. ② 원주각의 성질을 이해하고, 이를 활용하여 여러 가지 문제를 해결할 수 있다.	①, ② 추론, 문제해결	중영역 통합 및 중영역명 변경(학습량 감축) 삭제 : 현행 ②와 ③은 별개의 학습목표로 두지 않고, 원주각의 성질을 활용한 문제로 간단히 제시

구분	현행(2007년 개정)	개정안	수학적 배경	비고
용어와 기호	교점, 교선, 반직선, 두점사 이의거리, 중점, 수직이등분선, 꼬인 위치, 교각, 맞꼭지각, 엇각, 동위각, 평각, 직교, 수선의 발, 작도, 대변, 대각, 삼각형의결정조건, (도형의) 대응, 삼각형의합동조건, 내각, 외각, 부채꼴, 중심각, 호, 현, 활꼴, 할선, 접선, 접점, 접한다, 공통현, 중심선, 중심거리, 공통접선, 다면체, 각뿔대, 정다면체, 원뿔대, $\overleftrightarrow{AB}$, $\overrightarrow{AB}$, $\overline{AB}$, $l \parallel m$, $\angle ABC$, $\overline{AB} \perp \overline{CD}$, $\triangle ABC$, $\equiv$, 호 $\widehat{AB}$, π, 명제, 가정, 결론, 역, 정의, 정리, 증명, 외심, 외접, 외접원, 내심, 내접, 내접원, 닮음, 닮음비, 닮음의 중심, 닮음의 위치, 삼각형의 닮음조건, 중선, 무게중심, $p \rightarrow q$, $\square ABCD$, ∞, 삼각비, 사인, 코사인, 탄젠트, 접선의 길이, 원주각, 내대각, $\sin A, \cos A, \tan A$	교점, 교선, 두 점 사이의 거리, 중점, 수직이등분선, 꼬인 위치, 교각, 맞꼭지각, 엇각, 동위각, 평각, 직교, 수선의 발, 작도, 대변, 대각, (도(형의) 대응, 삼각형의합동조건, 내각, 외각, 부채꼴, 중심각, 호, 현, 활꼴, 할선, 다면체, 각뿔대, 정다면체, 원뿔대, 접선, 접점, 접한다, 외심, 외접, 외접원, 내심, 내접, 내접원, 중선, 무게중심, 닮음, 닮음비, 삼각형의 닮음조건, 피타고라스 정리, 삼각비, 사인, 코사인, 탄젠트, 원주각, $\overleftrightarrow{AB}$, $\overrightarrow{AB}$, $\overline{AB}$, $l \parallel m$, $\angle ABC$, $\overline{AB} \perp \overline{CD}$, $\triangle ABC$, $\equiv$, 호 $\widehat{AB}$, π, $\square ABCD$, ∞, $\sin A, \cos A, \tan A$		이동(고등): 명제, 가정, 결론, 역, 정의, 정리, 증명, $p \rightarrow q$ 삭제 : 공통현, 중심선, 중심거리, 공통 접선, 닮음의 중심, 닮음의 위치, 접선의 길이, 내대각(학습량 감축)
교수 · 학습상의 유의점	① 점, 선, 면, 각, 원에 대한 성질은 직관적으로 탐구한다. ② 원주율은 특정한 수치가 주어지지 않는 경우 π로 나타낸다. ③ $p \rightarrow q$는 명제를 기호로 표현하는 정도로만 다룬다. ④ 삼각형의 닮음조건과 합동조건을 비교하여 그 차이점을 안다. ⑤ 어려운 증명의 경우에는 증명하기 전에 공학적 도구나 조작활동을 통하여 증명해야 할 성질을 직관적으로 이해하게 한다. ⑥ 피타고라스의 정리의 역은 증명 없이 문제 상황을 통해 간단히 다룬다. ⑦ 삼각비 사이의 관계는 다루지 않는다. ⑧ 삼각비의 값은 0°에서 90°까지의 각도에 대한 것을 다루고, 삼각비의 그래프는 다루지 않는다. ⑨ 삼각비의 활용은 단순한 소재를 택하여 간단히 다룬다.	① 점, 선, 면, 각과 관련된 용어의 뜻을 직관적으로 이해하고, 이를 토대로 여러 가지 도형의 성질을 추론할 수 있게 한다. ② 주어진 삼각형과 합동인 삼각형을 작도할 수 있게 한다. ③ 작도를 이용하여 삼각형의 합동조건을 이해하게 한다. ④ 다각형의 성질에서는 대각선의 개수, 내각과 외각의 크기의 합을 다룬다. ⑤ 다각형과 다면체는 그 모양이 볼록인 경우만 다룬다. ⑥ 사각형의 성질은 대각선에 관한 성질을 위주로 다룬다. ⑦ 닮은 도형의 성질을 추론할 수 있게 한다. ⑧ 피타고라스 정리의 역은 직관적으로 이해하게 한다. ⑨ 삼각비 사이의 관계는 다루지 않는다. ⑩ 삼각비의 값은 0°에서 90°까지의 각도에 대한 것만 다룬다. ⑪ 공학적 도구나 다양한 교구를 활용하여 도형의 성질을 추론할 수 있게 한다. ⑫ 도형의 성질을 이해하고 설명하는 활동은 학생의 수준에 따라 달리 할 수 있다. ⑬ 접선의 길이 용어는 교수 · 학습 상황에서 다루어질 수 있다.	① 추론 ③ 추론 ⑦ 추론 ⑪ 추론	

3. 고등학교

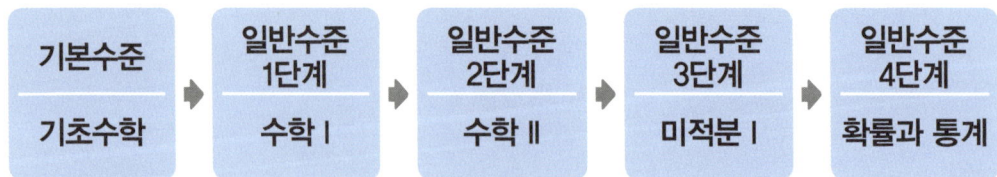

일반계 고등학교 인문사회계열 학생의 수학과 선택 과목 이수 경로 (박순경 외, 2011)
: 기초 수학 이수는 생략 가능함.

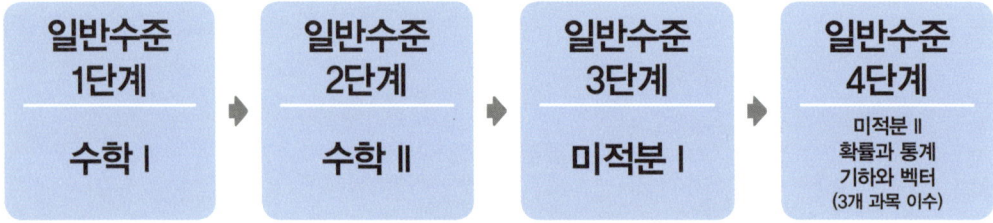

일반계 고등학교 과학기술계열 학생의 수학과 선택 과목 이수 경로 (박순경 외, 2011)

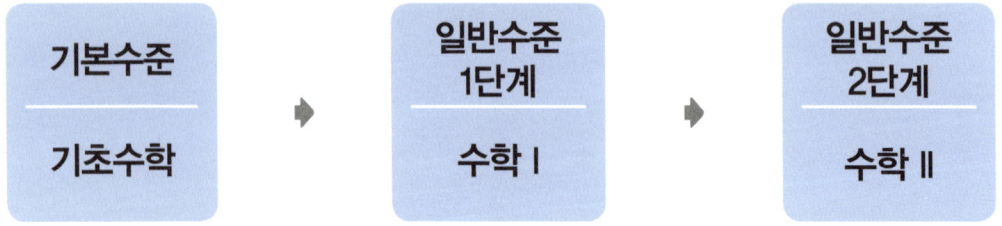

일반계 고등학교 예체능계열 학생 및 특성화 고등학교 학생의 수학과 선택 과목 이수 경로 (박순경 외, 2011)

일반계 고등학교 수학 우수 학생 및 과학고등학교 학생의 수학과 선택 과목 이수 경로 (박순경 외, 2011)

개정 교과 수1 단원 구성 및 주요 변경 사항

가. 수1

대영역	중영역
[1] 다항식	• 다항식의 연산
	• 나머지 정리
	• 인수분해
[2] 방정식과 부등식	• 복소수와 이차방정식
	• 이차방정식과 이차함수
	• 여러 가지 방정식
	• 여러 가지 부등식
[3] 도형의 방정식	• 평면좌표
	• 직선의 방정식
	• 원의 방정식
	• 도형의 이동
	• 부등식의 영역

1 실수 삭제

현행 교과목	현행	개정안
수학 **(고1)**	실수 ① 실수의 연산에 관한 성질을 이해한다. ② 실수의 대소 관계를 이해한다.	삭제

2 복소수와 이차방정식의 연계 강화

③ 유리식과 무리식 약화

현행 교과목	현행	개정안
수학 (고1)	■ 유리식과 무리식 ① 유리식의 뜻을 알고, 그 계산을 할 수 있다. ② 무리식의 뜻을 알고, 그 계산을 할 수 있다.	삭제: 수학Ⅱ의 함수 영역에 용어(유리식, 무리식)만 제시.

④ 다항식의 약수와 배수 약화

현행 교과목	현행	개정안
수학 (고1)	■ 약수와배수 ① 다항식의 약수와 배수의 뜻을 알고, 이를 구할 수 있다. ② 다항식의 최대공약수와 최소공배수의 뜻을 알고, 이를 구할 수 있다.	삭제

용어 삭제 : 이중근호 $\sqrt{a + b\sqrt{c}}$

⑤ 이차방정식, 이차부등식, 이차함수의 통합 및 연계성 강화

현행 교과목	현행	개정안
수학 (고1)	■ 이차방정식 ① 이차방정식의 실근과 허근의 뜻을 안다. ② 이차방정식에서 판별식의 의미를 이해한다. ③ 이차방정식에서 근과 계수의 관계를 이해한다. ■ 고차 방정식과 연립방정식 ① 간단한 삼차방정식과 사차방정식을 풀 수 있다. ② 미지수가 3개인 연립 일차방정식과 미지수가 2개인 연립 이차방정식을 풀 수 있다. ■ 이차부등식과 절대부등식 ① 부등식의 성질을 이해하고, 이를 활용할 수 있다. ② 절댓값을 포함한 일차 부등식을 풀 수 있다. ③ 이차부등식과 연립 이차부등식을 풀 수 있다. ■ 이차함수의 활용 ① 이차함수의 최대, 최소를 이해 한다. ② 이차함수의 그래프와 직선의 위치 관계를 이해한다. ③ 이차함수와 이차방정식, 이차부등식의 관계를 이해한다.	■ 복소수와 이차방정식 ① 이차방정식의 실근과 허근의 뜻을 안다. ② 이차방정식에서 판별식의 의미를 이해한다. ③ 이차방정식에서 근과 계수의 관계를 이해한다. ■ 이차방정식과 이차함수 ① 이차함수와 이차방정식의 관계를 이해한다. ② 이차함수의 그래프와 직선의 위치 관계를 이해한다. ③ 이차함수의 최대, 최소를 이해한다. ■ 여러 가지 방정식 ① 간단한 삼차방정식과 사차방정식을 풀 수 있다. ② 미지수가 3개인 연립 일차방정식과 미지수가 2개인 연립 이차방정식을 풀 수 있다. ■ 여러 가지 부등식 ① 부등식의 성질을 이해하고, 절댓값을 포함한 일차부등식을 풀 수 있다. ② 이차함수와 이차부등식의 관계를 이해하고, 이차부등식과 연립 이차부등식을 풀 수 있다.

개정 교과 수2 단원 구성 및 주요 변경 사항

나. 수2

대영역	중영역
[1] 집합과 명제	• 집합
	• 명제
[2] 함수	• 함수
	• 유리함수와 무리함수
[3] 수열	• 등차수열과 등비수열
	• 수열의 합
	• 수학적 귀납법
[4] 지수와 로그	• 지수
	• 로그

1 집합 내용 통합

현행 교과목	현행	개정안
수학(중1)	■ 집합 ① 집합의 개념을 이해하고, 집합을 표현할 수 있다. ② 두 집합 사이의 포함 관계를 이해한다. ③ 집합의 연산을 할 수 있다.	■ 집합 ① 집합의 개념을 이해하고, 집합을 표현할 수 있다. ② 두 집합 사이의 포함 관계를 이해한다. ③ 집합의 여러 가지 연산을 할 수 있다.
수학(고1)	■ 집합의 연산 법칙 ① 집합의 연산 법칙을 이해한다.	

용어 삭제 : 원소나열법, 조건제시법, 유한집합, 무한집합, 서로같다, 이, 모든, 어떤

2 명제 내용 보완 및 증명 부분 강화

현행 교과목	현행	개정안
수학1 (고1)	■ 명제 ① 명제와 조건의 의미를 이해한다. ② 명제의 역, 이, 대우를 이해한다. ③ 필요조건과 충분조건을 이해한다. 용어 삭제 : '이'를 삭제	■ 명제 ① 명제와 조건의 의미를 이해한다. ② '모든', '어떤'을 포함한 명제를 이해한다. ③ 명제의 역과 대우를 이해한다. ④ 필요조건과 충분조건을 이해한다. ⑤ 절대부등식의 의미를 이해하고, 간단한 절대부등식을 증명할 수 있다. ⑥ 대우를 이용한 증명법과 귀류법을 이해한다.

3 함수 영역의 내용 약화

현행 교과목	현행	개정안
수학1 (고1)	■ 함수 ① 함수의 뜻을 알고, 그 그래프를 이해한다. ② 함수의 합성을 이해하고, 합성함수를 구할 수 있다. ③ 역함수의 뜻을 알고, 주어진 함수의 역함수를 구할 수 있다.	■ 함수 ① 함수의 뜻을 알고, 그 그래프를 이해한다. ② 함수의 합성을 이해하고, 합성함수를 구할 수 있다. ③ 역함수의 뜻을 알고, 주어진 함수의 역함수를 구할 수 있다.
	■ 유리함수와 무리함수 ① 유리함수와 무리함수의 뜻을 안다. ② 함수 $y = \dfrac{ax+b}{cx+d}$ 의 그래프를 그릴 수 있고, 그 그래프의 성질을 이해한다. 용어 삭제 : 분수함수 ③ 함수 $y = \sqrt{ax+b} + c$ 의 그래프를 그릴 수 있고, 그 그래프의 성질을 이해한다.	■ 유리함수와 무리함수 ① 유리함수 $y = \dfrac{ax+b}{cx+d}$ 의 그래프를 그릴 수 있고, 그 그래프의 성질을 이해한다. ② 무리함수 $y = \sqrt{ax+b} + c$ 의 그래프를 그릴 수 있고, 그 그래프의 성질을 이해한다.

4 수열의 약화 및 이동

현행 교과목	현행	개정안
수학 I	■ 등차수열 과등비수열 ① 수열의 뜻을 안다. ② 등차수열의 뜻을 알고, 일반항, 첫째 항부터 제n항까지의 합을 구할 수 있다. ③ 등비수열의 뜻을 알고, 일반항, 첫째 항부터 제n항까지의 합을 구할 수 있다.	■ 등차수열과 등비수열 ① 수열의 뜻을 안다. ② 등차수열의 뜻을 알고, 일반항, 첫째항부터 제n항까지의 합을 구할 수 있다. ③ 등비수열의 뜻을 알고, 일반항, 첫째항부터 제n항까지의 합을 구할 수 있다.
	■ 여러 가지 수열 ① Σ의 뜻과 성질을 이해하고, 이를 활용할 수 있다. ② 여러 가지 수열의 일반항, 첫째 항부터 제n항까지의 합을 구할 수 있다. ③ 여러 가지 수열에 관한 문제를 해결할 수 있다.	■ 수열의 합 ① Σ의 뜻과 성질을 이해하고, 이를 활용할 수 있다. ② 여러 가지 수열의 첫째 항부터 제n항까지의 합을 구할 수 있다. 약화/삭제 : 학습량 감축
	■ 수학적 귀납법 ① 수열의 귀납적 정의를 이해한다. ② 수학적 귀납법의 원리를 이해한다. ③ 수학적 귀납법을 이용하여 자연수 n에 관하여 참인 명제를 증명할 수 있다.	■ 수학적 귀납법 ① 수열의 귀납적 정의를 이해한다. ② 수학적 귀납법의 원리를 이해한다. ③ 수학적 귀납법을 이용하여 명제를 증명할 수 있다.
	■ 알고리즘과 순서도 ① 알고리즘과 순서도의 뜻을 알고, 그 필요성을 이해한다. ② 간단한 문제해결을 위한 알고리즘을 작성하여 순서도를 만들 수 있다.	삭제

용어 삭제 : 유한수열, 무한수열, 계차수열, 점화식, 알고리즘, 순서도

5 지수와 로그 내용 약화 및 이동

현행 교과목	현행	개정안
수학 I	■ 지수 ① 거듭 제곱과 거듭 제곱근의 뜻을 알고, 그 성질을 이해한다. ② 지수가 유리수, 실수까지 확장될 수 있음을 이해한다. ③ 지수 법칙을 이해하고, 이를 이용하여 식을 간단히 나타낼 수 있다.	■ 지수 ① 거듭 제곱과 거듭 제곱근의 뜻을 알고, 그 성질을 이해한다. ② 지수가 유리수, 실수까지 확장될 수 있음을 이해한다. ③ 지수 법칙을 이해하고, 이를 이용하여 식을 간단히 나타낼 수 있다.
	■ 로그 ① 로그의 뜻을 알고, 그 성질을 이해한다. ② 상용로그의 뜻을 알고, 지표와 가수의 성질을 이해한다. ③ 상용로그를 활용하여 여러 가지 문제를 해결할 수 있다.	■ 로그 ① 로그의 뜻을 알고, 그 성질을 이해한다. ② 상용로그를 이해하고 활용할 수 있다.

용어 삭제 : 지표, 가수

구분	현행(2007년 개정)	개정안	수학적 배경	비고
교수·학습상의 유의점	① 지수가 실수인 경우에는 직관적으로 다룬다. ② 지수방정식과 지수부등식은 간단한 형태만 다룬다. ③ 로그의 성질은 지수의 성질과 관련지어 이해하게 한다. ④ 로그방정식과 로그부등식은 간단한 형태만 다룬다.	① 지수가 실수인 경우는 직관적으로 다룬다. ② 로그의 성질은 지수의 성질과 관련지어 이해하게 한다. ③ 지수나 로그에 관련된 문제를 다룰 때 공학적 도구를 사용할 수 있다.		삭제 삭제 추가

신동엽 컨설턴트가 말하는
스토리텔링 수학 이야기

정답

역사 속 달력에도
수학의 원리가 '반짝반짝'

생각해보기 ①

달을 이용해 표시하던 달력은 1년이면 5일 차이가 나지만 10년이면 50일이 차이가 나고 100년이면 50일의 차이가 생겨 농사를 짓는 데 불편하게 된 것이다.

생각해보기 ②

기원전 700년경, 고대 로마 2대 왕인 '누마'는 이전의 달력을 개정하여, 1년을 12달로 하고 날 수를 355일로 정했다. 또한 첫 번째 달을 세 번째 달로 바꾸고, 11번째와 12번째 달을 앞으로 가져와 각각 1월과 2월로 하였다.

누마의 달력은 음력을 기반으로 하여 달력과 계절의 차이가 너무 벌어져 있었다. 율리우스 카이사르는 기원전 46년에 이르러 이를 새롭게 정비하게 된다. 카이사르는 태양력을 기준으로 2월은 28일, 나머지 달은 31일 또는 30일로 하여 1년을 지금처럼 365일로 정하고, 4년마다 윤년을 도입하여 2월을 29일로 하였다. 이런 이유로 기원전 46년은 90일에 달하는 윤달을 추가하여 한 해가 445일이나 되는 역사상 가장 긴 해가 되었다.

생각해보기 ③

12달로 정한 이유는 달의 삭망(음력 그믐와 보름)이 12번이었기 때문이라고 하며 고대 로마에서는 한해의 시작이 3월이었기에 3월을 시작으로 30일과 31일을 번갈아 썼다고 한다.
1년인 365일을 31일과 30일을 번갈아 쓰다보면 2월에는 29일만 남게 되어 2월을 29일로 쓰게 되었다.

생각해보기 ④

7월은 시저(Julius Caesar)가 태어난 달이기에 자기 이름인 Julius를 붙여 July가 됩니다.
시저를 이어 권력을 잡아 로마의 초대 황제가 된 시저의 양아들 Augustus는 자기 이름을 붙여 8월을 August라 하고 2월에서 하루를 더 가져와 8월을 31일로 만들게 되어 2월은 지금과 같은 28일이 되었다.

생각해보기 ⑤

이 달력을 보면 1년은 365와 1/4일로 지구가 태양을 한 바퀴 도는 데 걸리는 시간과 거의 같다. 1/4일은 4년마다 2월에 하루씩 더 붙여 29일로 만드는 윤년을 시행하여 그 차이를 메웠다. 하지만 윤년을 시행해도 태양이 황도상의 춘분점을 지나서 다시 춘분점까지 돌아오는 1년 태양광인 365.2422일보다 0.0078일이 크게 되어 1년 동안 11분의 오차가 생겼다.

생각해보기 ⑥

가톨릭이 지배하던 16세기 유럽에서 기독교의 가장 중요한 기념일인 부활절의 날짜를 정하는 데에 심각한 문제가 발생하였다.

원래 부활절은 춘분 다음 보름이 지난 첫 일요일로 정해지는데, 처음에 부활절을 제정하던 서기 325년에는 3월 21일이던 춘분이 율리우스력의 오차 때문에 조금씩 앞당겨져 1,300년 정도가 흐르자 10일까지 차이가 생긴 것이다. 즉, 1년의 길이가 율리우스력의 365.25일보다는 약간 짧은 365.2422일 정도여서, $(365.25-365.2422) \times 1,300 = 10.14$일의 차이가 생겼다.

이 문제를 해결하기 위해, 당시 교황이던 그레고리우스 13세는 우선 1582년 10월 4일 다음 날을 10월 15일로 정하여 열흘의 날짜를 줄여, 춘분이 3월 21일이 되도록 맞추었다.

문제

평년의 경우 $365 = 7 \times 52 + 1$이므로 1년 후 같은 날의 요일은 하루씩 뒤로 밀리게 되고 윤년의 경우는 같은 방법으로 이틀씩 뒤로 밀리게 된다. 2009년과 2411년 사이의 윤년은 4의 배수의 해 중 2100년, 2200년, 2300년은 제외되고, 2400년은 포함되므로 97번 존재하게 된다. 따라서 요일은 $(2411-2009) + 97 = 499$번 뒤로 밀리게 된다.

그런데 $499 = 7 \times 71 + 2$이므로 2411년 4월 22일은 2009년 4월 22일의 수요일보다 이틀 밀린 금요일이다.

문제

1단계 : 소수의 약수의 개수는 1과 자기 자신이므로 2개이지만 1은 1과 자기 자신이 1이므로 약수의 개수가 1개이다.
1은 거듭해서 곱하여도 값의 변화가 없지만 소수는 곱할수록 값의 변화가 생기게 된다.

2단계 : 1이 소수라면, $36=2^2\times3^2=1\times2^2\times3^2=1\times1\times2^2\times3^2=\cdots$와 같이 많은 법으로 인수분해가 가능해진다.

3단계 : 어떤 자연수가 소인수분해를 통해 소수의 곱으로 표현될 때에는 한 가지 방법만으로 표현되어야 그 자연수의 약수나 약수의 개수를 파악하기 용이한데, 1이 소수에 포함되면 다양한 방법으로 표현이 가능해져서 소인수분해의 의미가 사라지게 된다.

'실생활 연계형' 문제로 중간고사 대비하기

문제

주어진 숫자는 모두 3의 배수이므로 한 소수는 3임을 알 수 있다. 3×5, 3×7, 3×11, 3×13을 해보면 $3\times13=39$인 경우 52299가 나누짐을 알 수 있습니다. $\frac{52299}{39}=1341$이고 이는 13과 41을 끊어서 보면 '대'임을 알 수 있다.
같은 식으로 $\frac{9481368}{39}=243112$인데 이것은 '한', $\frac{6006468}{39}=154012$인데 이것은 '민', $\frac{4434729}{39}=113711$인데 이것은 '국' 결국 대한민국을 가리킨다.

최소공배수, '개기일식'으로 공부해볼까?

생각해보기 ①

가능하다. 6585.3일을 사로스 주기라고 하는데 거의 똑같은 일식이 반복해서 일어나기 때문이라고 한다. 고대 그리스의 수학자인 탈레스에 관련된 일식 이야기는 아주 유명하다.
메디아와 리디아라는 두 나라가 전쟁을 하고 있을 때 탈레스는 일식이 일어난다고 예언을 했고, 예언이 적중해 일식이 일어나자 두 나라는 신의 노여움을 살까봐 평화 협정을 맺었다고 하는데 현재의 컴퓨터로 일식을 계산해보면 기원전 585년 5월 28일에 실제로 현재의 터키에서 개기일식이 있었다고 한다.

생각해보기 ②

6585.3−4일은 18년 11일 8시간이다. 윤년을 적용해보면 지금으로부터 18년 7일 8시간 후이다. 그렇다면 2030년 4월 23일 오후 6시가 될 것이다.

귀뚜라미 울음소리로 기온을 측정한다?

생각해보기 ①

건구 온도 84℉를 ℃로 바꾸면
$84=\frac{9}{5}x+32$이므로 $x=\frac{260}{9}$ ℃
습구 온도 71℉를 ℃로 바꾸면
$71=\frac{9}{5}x+32$이므로 $x=\frac{195}{9}$ ℃
따라서 불쾌지수는
$D=40.6+0.72(\frac{260}{9}+\frac{260}{9})$
$=40.6+36.4=77$이다.

생각해보기 ②

15초 동안 18번 울었으므로 1분 동안 72번 울게 된다. $n=4F-160$을 F에 관해 정리하면
$F=\frac{n}{4}+40$이다.
따라서 식에 대입을 해보면
$F=\frac{72}{4}+40=58$도가 된다.

수영장 미끄럼틀에도 수학이 숨어 있다

생각해보기 ①
사이클로이드 곡선은 위치에 상관없이 동시에 바닥에 닿는다.

수학 평가, 실생활 연계 늘고 논술형도 추가

문제

A 돌멩이의 개수를 a개, B 돌멩이의 개수를 b개라고 하면 a + b = 10.
$115 - 61 \leq 7a + 5b \leq 120 - 61$이어야 한다.
$54 \leq 7a + 5b \leq 59$, b = 10 − a이므로
$54 \leq 7a + 5(10 - a) \leq 59$
$4 \leq 2a \leq 9$
$2 \leq a \leq 4.5$이므로
a = 2, 3, 4 가 가능하다.
(a, b) = (2, 8), (3, 7), (4, 6)이다.
이들 중 까마귀가 쉽게 눈금실린더에 돌멩이를 넣을 수 있는 경우는 최소의 횟수, 최소의 무게로 옮기는 경우이다. A 돌멩이의 무게가 B 돌멩이의 무게보다 무거우므로 A 돌멩이 2개, B 돌멩이 8개를 옮기는 것이 가장 쉽게 먹이를 먹을 수 있는 방법이다.

서양식 8음계 발견한 피타고라스

생각해보기

우선 '라'의 음율을 찾아보자. '레'보다 5도 높으므로 $\frac{9}{8} \times \frac{3}{2} = \frac{27}{16}$ 이 된다. '높은 미'의 음율은 '라'보다 5도 높으므로 $\frac{27}{16} \times \frac{3}{2} = \frac{81}{32}$ 이 된다.
'미'는 '높은 미'보다 한 옥타브 아래이므로 $\frac{81}{32} \times \frac{1}{2} = \frac{81}{64}$ 이 된다.
'시'는 '미'보다 5도 높기에 $\frac{81}{64} \times \frac{3}{2} = \frac{243}{128}$ 이 된다.

	도	레	미	파	솔	라	시	도
피타고라스 음율	1	$\frac{9}{8}$	$\frac{81}{64}$	$\frac{4}{3}$	$\frac{3}{2}$	$\frac{27}{16}$	$\frac{243}{128}$	2

바코드 속 '체크코드' 비밀을 풀어라

문제

8+0+2+4+6+8=28
(8+1+3+5+7+9)×3=99
$(28+x)+99=127+x=10$의 배수가 되어야 하므로 체크코드 x는 3이다.

문제

6×2+6×3+0×4+2×5+0×6+3×7+1×8+0×9+2×2+3×3+2×4+4×5=110
110을 11로 나누어 보면 나머지가 0이 된다.
11에서 0을 빼면 11이 되는데 11이 될 경우는 체크코드가 1이므로 ( )에 알맞은 체크코드는 1이다.

'아름다움'을 숫자로 표현한다면?

생각해보기

첫 달은 새끼토끼 한 쌍, 둘째 달은 한 달 지났으니 어른토끼 한 쌍이 되었을 것이고, 셋째 달은 어른토끼가 다시 새끼토끼 한 쌍을 낳았다. 넷째 달에는 셋째달의 어른 토끼 2쌍이 새끼 토끼를 낳아 총 다섯 쌍의 토끼가 될 것이다(어른 토끼 3쌍, 새끼 토끼 2쌍).이를 나타내어 보면 7개월 까지는 1, 1, 2, 3, 5, 8, 13이라는 수의 배열이 있다. 규칙을 찾아보면 앞의 수와 뒤의 수를 합한 것이 그 다음 수가 된다.
1+1=2, 1+2=3, 2+3=5, 3+5=8, 5+8=13이 된다. 이 원리로 계산해보면 여덟 번째 달에는 8+13=21, 아홉 번째 달에는 13+21=34, 열 번째 달에는 21+34=55쌍이 된다.

스토리텔링 수학 똑똑하게 준비하기

1판 1쇄 2013년 1월 2일
7쇄 2013년 2월 15일

지 은 이 신동엽

발 행 인 주정관
발 행 처 북스토리
주　　소 경기도 부천시 원미구 상3동 529-2 한국만화영상진흥원 311호
대표전화 032-325-5281
팩시밀리 032-323-5283
출판등록 1999년 8월 18일 (제22-1610호)
홈페이지 www.ebookstory.co.kr
이 메 일 bookstory@naver.com

ISBN 978-89-93480-91-7 13410

※잘못된 책은 바꾸어드립니다.

이 도서의 국립중앙도서관 출판시도서목록(CIP)은 e-CIP 홈페이지
(http://www.nl.go.kr/ecip)에서 이용하실 수 있습니다.
(CIP제어번호 : CIP2012005643)